东北冷涡对流降水成因与预报

陈力强　崔　锦　主编

辽宁科学技术出版社

·沈阳·

主　编：陈力强　崔　锦

副主编：孙晓巍　周晓珊　李得勤　杨　森　公　颖

编　委：陈力强　崔　锦　孙晓巍　周晓珊　李得勤

　　　　杨　森　公　颖

编　审：王奉安

图书在版编目（CIP）数据

东北冷涡对流降水成因与预报 / 陈力强，崔锦主编 . —沈阳：
辽宁科学技术出版社，2022.12
　　ISBN 978-7-5591-2850-8

　　　Ⅰ . ①东… 　Ⅱ . ①陈… 　②崔… 　Ⅲ . ①冷涡—降水—研
究—东北地区 　Ⅳ . ① P426.6

　　中国版本图书馆 CIP 数据核字（2022）第 251115 号

出版发行：辽宁科学技术出版社

　　　　　（地址：沈阳市和平区十一纬路25号　邮编：110003）

印 刷 者：辽宁鼎籍数码科技有限公司

经 销 者：各地新华书店

幅面尺寸：185 mm×260mm

印　　张：10.75

字　　数：200千字

出版时间：2022年12月第1版

印刷时间：2022年12月第1次印刷

责任编辑：陈广鹏

封面设计：义　航

责任校对：李淑敏

书　　号：ISBN 978-7-5591-2850-8

定　　价：110.00元

联系电话：024-23280036
邮购热线：024-23284502
http://www.lnkj.com.cn

引言

东北地区位于亚洲东部中高纬，地处大兴安岭的东侧，地理位置及独特地形，加之锋区急流的动力和热力作用，使得东北地区上空经常出现冷性涡旋，即东北冷涡。

东北冷涡是造成东北地区低温冷害、持续阴雨洪涝、突发性强对流天气的重要天气系统，对东北地区的天气气候有重大影响。因此，对东北冷涡及由其引发的天气现象预报一直是东北地区气象科技工作者关注和研究的问题，更是气象预报业务中的工作重点。

东北冷涡一年四季均可出现，4—10月东北区范围内45%的时间受东北冷涡影响。东北冷涡活动有明显的季节变化，6月最多，平均达20.6 d，所以6月是东北冷涡活动的盛期，也是东北的冷涡雨季。其次是7月，平均每次冷涡过程持续4 d左右，最长可达13 d。

东北冷涡是影响东北地区初夏天气的主要环流系统，其盛期几乎与江淮梅雨同期。朱乾根等指出，东北冷涡一年四季都可能出现，而以春末、夏初活动最频繁。它的天气特点是造成低温和不稳定性的雷阵雨天气。东北冷涡在东北地区的频发性、持续性决定了它对东北地区天气气候的重大影响。从行星尺度讲，东北夏季70%的低温时段是由冷涡造成的；近40%的东北冷涡能够产生连阴雨天气，1998年松嫩流域特大洪涝灾害的主要影响系统就是反复出现、维持的东北冷涡。从天气尺度讲，东北冷涡生成初期大多是温带气旋性质，所产生的区域性降水以稳定性或混合性为主，东北冷涡成熟期和后期在夏季常产生连续的雷阵雨天气，是重要的降水天气型。

东北冷涡最引人关注的特点是其诱发中小尺度系统的突发性和反复性（连续几天在一个地区附近产生短时暴雨等强对流天气）。在东北冷涡的形成、发展、持续以及消退期均可伴随暴雨、冰雹、雷暴、短时大风，甚至龙卷风等强对流天气。东北的雷暴日数由东北冷涡引发的最多，64%的飑线与冷涡过程有关，冷涡降雹占东北总降雹日数近1/2。由于对流系统尺度小，其突发性、连续性、降水量级、落区预报的高难度性是东北其他任何天气系统不可比拟的。在天气预报工作中，有这样一个发现：由于6月是东北的"冷涡月"，因此，沈阳中心气象台6月短期降水预报评分是一年当中最低的，多年的业务预报评分表明了这一结果。可以说，目前预报员对东北冷涡对流性降水的强度、落区、时间很难把握，也就是说，预报员对东北冷涡强降水的预报缺乏好的办法，以致东北冷涡的强对流预报一直成为天气预报业务中的难点。例如，正逢冷涡系统控制，预报员知道明天肯定有雨，但是下多少？下在什么地方？什么时间下？往往束手无策。经常是预报降水的地方没下，而没报的地方却下了。因此，大多数预报员就采用"撒大网"的方式进行预报，导致预报准确率低、服务效果差。

提高东北冷涡强对流降水的预报质量，是东北地区天气预报业务中亟须解决的问题，也是一个工作难点。为了解决这个问题，在对东北冷涡的天气背景、降水特点进行研究，并对预报员进行调查后，得到这样的结论：随着数值预报的发展，预报员可以得到比较满意的对东北冷涡天气尺度环流形势的预报；但是，由于目前对东北冷涡诱发中尺度系统的机制以及中尺度系统发生、发展和演变规律缺乏足够的认识，使得预报员缺乏相应的中尺度系统预报技术，造成对东北冷涡产生的中尺度对流天气事件预报能力非常低。

受观测资料分辨率及研究工具的限制，目前关于东北冷涡的研究大多侧重于东北冷涡的气候统计、天气尺度系统演变、诊断分析、中尺度系统发生发展的天气尺度环流背景等方面，而应用新的观测资料，例如多普勒雷达资料通过中尺度数值模式模拟研究冷涡强对流产生、发展、消退机制及三维动力结构演变的几乎没有。为了提高天气预报业务中东北冷涡强降水的预报水平，中国气象局沈阳大气环境研究所项目组以东北冷涡对流降水发生机理及预报技术为研究主题，针对东北冷涡强对流的预报问题，着眼于研究东北冷涡的内部结构特征及其中尺度系统发生发展的物理机制、东北冷涡中尺度对流系统的结构特征与暴雨的关系。通过研究，得到预报东北冷涡强降水的预报要点，发布东北冷涡降水等业务预报产品，应用于预报业务，解决东北冷涡强对流降水预报难的问题，为预报员提供指导产品。

本专著选用的资料包括以下几方面：

（1）NCEP再分析资料。应用2001—2020年1°×1°NCEP再分析资料，其中500 hPa位势高度场用来对东北冷涡个例进行普查，并进行环流分型；环流形势场和物理量场用来分析东北冷涡天气尺度系统特征，另外，该资料还用作中尺度模拟的背景场和侧边界。

（2）常规观测资料。2001—2020年，东亚区域探空资料和地面观测资料用来分析东北冷涡天气尺度系统特征及作为中尺度模拟初始场的加强资料。

（3）地面自动站加密资料。2001—2020年，辽宁省地面自动站资料用来分析天气过程高时空降水特征及验证多普勒雷达反演风场。

（4）Doppler雷达资料。应用沈阳多普勒雷达资料反演高分辨三维风场，并将该资料同化到模式中模拟研究边界层对冷涡强对流的触发机制等。

研究方法：首先，将东北冷涡进行环流分型，分为深冷型和冷暖波动型，分别选取典型个例，分析其天气尺度结构的异同点，进而总结出东北冷涡系统结构的概念模型及其与典型温带气旋的差别。以此为基础,应用非静力中尺度模式,模拟研究东北冷涡中尺度系统三维动力结构及演变,通过敏感性试验研究太阳辐射、地形等对冷涡强对流的影响,研究东北冷涡中尺度系统发生发展机制。采用 3D VAR 技术将多普勒雷达资料同化到模式背景场中,模拟研究边界层对东北冷涡强对流的影响及对流系统的边界层结构等方面的内容。利用中尺度数值模式,试验多种物理过程和参数化方案对东北冷涡降水的影响;利用天气学检验方法,评估模式对东北冷涡降水预报的能力。基于以上机理分析与检验结果,总结东北冷涡强对流预报方法与东北冷涡数值预报产品使用指南。

主要内容包括:

(1)东北冷涡对流降水的分布特征和变化规律,主要对东北冷涡暴雨特征,时空分布变化规律进行分析。

(2)分析不同类型东北冷涡天气尺度特征及其异同点。尽管东北冷涡有其经典的定义,但是环流特征不尽相同,希望通过分析不同类型东北冷涡的特征,研究东北冷涡结构及其产生降水的共性和特性,以提高东北冷涡对流天气的整体预报水平。

(3)东北冷涡中尺度结构特征,触发强对流机制模拟。利用数值模拟的方法,研究分析冷涡中尺度系统三维动力结构特征的演变过程,从强对流的触发机制研究冷涡降水的着眼点。

(4)东北冷涡强对流边界层结构特征研究。通过敏感性试验研究太阳辐射、地形等对冷涡强对流的影响,研究对流层低层强的中尺度辐合及对流不稳定层结、对流的爆发和维持,研究边界层对东北冷涡强对流的影响及对流系统的边界层结构。

(5)建立东北冷涡数值预报业务系统。通过对数值模式中可能对东北冷涡降水有影响的多种物理过程和参数化方案的试验,研究其对东北冷涡降水预报的性能,形成了一套适合于东北冷涡预报的数值预报系统。

(6)通过以上研究,总结出东北冷涡强对流系统的概念模型,找出适合业务应用的东北冷涡对流降水的预报着眼点,凝练出东北冷涡数值预报产品使用指南。

目录

第一篇

东北冷涡对流降水的分布特征和变化规律

▶ ▶ ▶

1 资料与方法

1.1 资料介绍

本研究主要应用以下资料，其中资料（1）为美国国家环境预报中心数据，资料（2）~（4）来源于辽宁省气象局。

（1）1979—2019 年 NCEP 格点再分析资料，资料格距为 1°×1° 的经纬网格，资料范围：90°N ~ 90°S，0° ~ 359°E；等压面层共 26 层，分别为 1000 hPa、975 hPa、950 hPa、925 hPa、900 hPa、850 hPa、800 hPa、750 hPa、700 hPa、650 hPa、600 hPa、550 hPa、500 hPa、450 hPa、400 hPa、350 hPa、300 hPa、250 hPa、200 hPa、150 hPa、100 hPa、700 hPa、500 hPa、300 hPa、200 hPa、100 hPa。

（2）1979—2019 年辽宁省 62 个国家气象观测站 08—08 时的日降水资料。

（3）2015—2019 年辽宁省 1587 个区域自动站小时降水资料。

（4）2009—2019 年辽宁省暴雨灾情数据。

1.2 相关研究方法

1.2.1 东北冷涡定义

东北冷涡是在我国东北较为独特的地理位置和地形条件下由西风带系统引发的产物。东北冷涡又常被称为东北低压、切断低压和冷低压等，是一个由地面上升到 6000 m 高空的冷性气柱，500 hPa 天气图中至少有 1 条闭合等高线的存在，并有冷中心或明显冷槽配合。本研究采用了孙力（1994）、郁珍艳（2003）和张仙（2013）等对东北冷涡的统一定义方法，其判断标准是 500 hPa 天气图上同时满足以下 3 个条件：低压中心位于 35° ~ 60°N，115° ~ 145°E 范围内；至少有 1 条等高线的闭合圈，同时伴有冷槽或冷中心；低压环流系统并持续 3 d 及以上。

1.2.2 局地暴雨划分

根据《辽宁省气象局暴雨气象业务工作方案》，将一个观测站 24 h 降水量超过 50 mm 作为暴雨的通用标准，按照暴雨覆盖区域的大小，辽宁暴雨可分为局地暴雨、区域性暴雨、大范围暴雨和特大范围暴雨。以每一市县观测站作为一个站点，统计辽宁省范围内常规 62 个观测站日雨量超过 50 mm 的站数，具体分级见表 1-1-1。

表 1-1-1 暴雨范围定义

暴雨种类	局地暴雨	区域性暴雨	大范围暴雨	特大范围暴雨
站数	$n \leqslant 5$	$5 < n \leqslant 10$	$10 < n \leqslant 25$	$n > 25$ 且 $m > 4$

注：n 为暴雨站数，m 为大暴雨站数。

1.2.3 统计学方法

1.2.3.1 Mann-Kendall 非参数统计方法

关于时间序列的趋势分析，即 Mann-Kendall 检验，Mann 和 Kendall 最早提出了这个方法，Mann-Kendall 方法适用于分析径流、降水、气温数据等要素随时间序列的变化趋势。定义统计变量：

$$\mathrm{UF}_k = \frac{\left[S_k - E\left(S_k \right) \right]}{\sqrt{Var\left(S_k \right)}} \quad (k=1, 2, \cdots, n) \tag{1}$$

$$E\left(Sk \right) = \frac{k\left(K+1 \right)}{4}; \quad Var\left(Sk \right) = \frac{k\left(k-1 \right)\left(2k+5 \right)}{72} \tag{2}$$

其中，UF_k 是标准正态分布，α 是给定的显著性水平，如果 $|\mathrm{UF}_k| > U\alpha/2$，表示序列有明显的趋势变化，将时间序列 x 逆序排列计算，同时使

$$\begin{cases} \mathrm{UB}_k = -\mathrm{UF}_k \\ k = n+1-k \end{cases} \quad (k=1, 2, \cdots, n), \tag{3}$$

通过对统计序列 UF_k 和 UB_k 的分析，能够分析序列 x 的变化趋势，同时明确突变的时间和区域。当 $\mathrm{UF}_k > 0$ 时，表示序列呈上升趋势；当 $\mathrm{UF}_k < 0$ 时，表示序列呈下降趋势；超过临界直线时，表示呈显著的上升或下降趋势。若 UF_k、UB_k 曲线有交点出现，且交点介于两条临界直线之间，则交点所对应的时刻就是突变开始的时间。

1.2.3.2 滑动 t 检验

滑动 t 检验是指通过考察两组样本平均值的差异是否显著来检验突变。对于具有 n 个样本的时间序列 x，人为设置以某时刻为基准点，基准点的前后两段序列 x_1 和 x_2 的样本分别为 n_1，n_2，两段子序列的平均值为 $\bar{x}_1$ 和 $\bar{x}_2$，方差为 s_1^2，s_2^2 定义统计量：

$$t=\frac{\overline{x_1}-\overline{x_2}}{s\cdot\sqrt{\frac{1}{n_1}+\frac{1}{n_2}}} \tag{4}$$

$$s=\sqrt{\frac{n_1s_1^2+n_2s_2^2}{n_1+n_2-2}} \tag{5}$$

1.2.4　冷涡相关分类方法

1.2.4.1　冷涡位置划分方法

（1）南北。孙力等（1994）根据东北冷涡中心位置，将东北冷涡划分为三类，分别为北涡（50°～60°N）、中间涡（40°～50°N）和南涡（35°～40°N）。其中，北涡的冷涡中心在500 hPa 天气图中处于50°～60°N、115°～145°E 范围内；中间涡的冷涡中心在500 hPa 天气图中处于40°～50°N、115°～145°E 范围内；南涡的冷涡中心在500 hPa 天气图中处于35°～40°N、115°～145°E 范围内。

（2）东西。段春峰（2012）将位于115°～125°E 的东北冷涡称为西涡，125°～135°E 的东北冷涡称为中涡，135°～145°E 的东北冷涡称为东涡。何晗（2015）将其所选个例（106°～131°E）对冷涡形成时冷涡中心经度进行三等分，分别称为东涡、中涡、西涡。根据辽宁发生局地暴雨的冷涡位置，本研究采用段春峰的分类方法。

1.2.4.2　冷涡移动速度划分方法

何晗等（2015）提出如果冷涡移动距离一天内大于等于4个经距或2个纬距，则冷涡是快速移动型，未达到标准为缓慢移动或少动型。

1.2.4.3　冷涡生命期划分方法

孙力等（1994）研究指出，当冷涡中心某时次的500 hPa 位势高度闭合中心的位势高度值较冷涡背景下短时强降水个例上一时次有所降低时，这个时次作为冷涡的发展期，相反情况称之冷涡的减弱消亡期，若变化趋势不明显，则认为是成熟阶段。崔景琳（2018）为研究冷涡引起的降水强度与冷涡位置之间的关系，将冷涡生命期划分为两个阶段，定义闭合中心形成时为初生阶段，中心气压达到最低值时定义为强盛阶段。由于第一种方法划分更为细致，本研究采用孙力的划分方法。

2 东北冷涡局地暴雨的分布特征和变化规律

2.1 东北冷涡局地暴雨时间分布特征

2.1.1 东北冷涡暴雨的年际变化

根据东北冷涡定义和 NCEP 形势场资料，对辽宁省 1979 年以来符合东北冷涡定义的低涡过程进行程序识别，并进行人工复检，共筛选出东北冷涡天气过程 432 个，东北冷涡引起降水天气日数为 1820 d。根据暴雨定义，对东北冷涡天气引起的降水进行逐日降水量资料的统计，得出东北冷涡天气引起暴雨日数为 264 d，根据局地降水定义进行分析，东北冷涡天气背景下的局地暴雨（以下简称冷涡局地暴雨）日数为 216 d。冷涡天气引起的非局地暴雨占冷涡暴雨总次数的 21%，而冷涡天气引起局地暴雨比例为 79%，其中有 14 a 冷涡天气引起的暴雨全部为局地暴雨，占总年数的 1/3，可见冷涡背景下造成的暴雨中，局地暴雨多于非局地暴雨。通过辽宁地区冷涡局地暴雨年际分布情况（图 1-2-1）可以看出，1986 年出现的冷涡局地暴雨日数最多，达到了 10 d，2000 年最少，没有出现冷涡局地暴雨天气，从总体分布趋势来看，冷涡局地暴雨日数略有下降（图 1-2-2、图 1-2-3）。

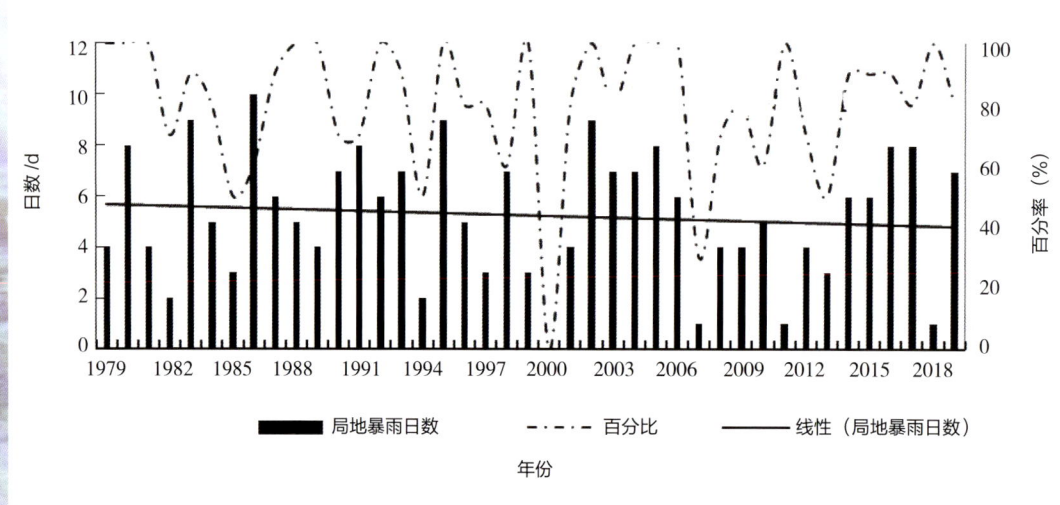

图 1-2-1　历年冷涡局地暴雨日数及所占比例分布图

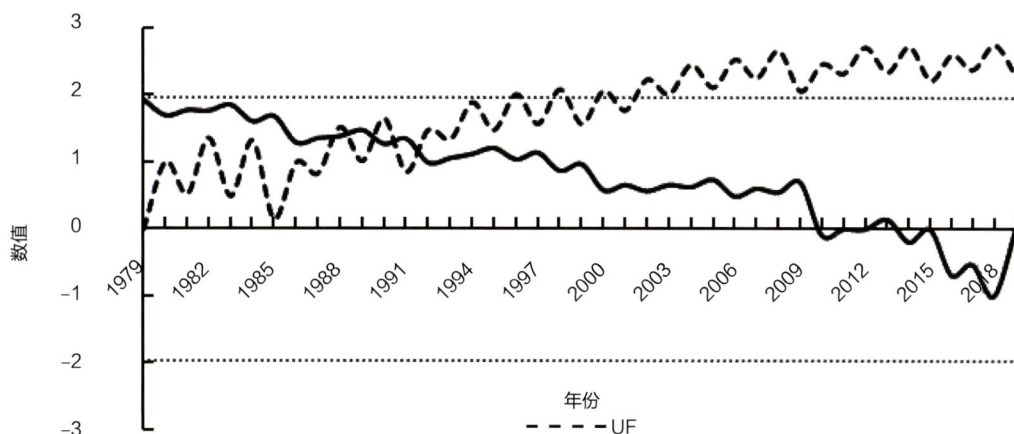

图 1-2-2 冷涡局地暴雨日数 MK 检验

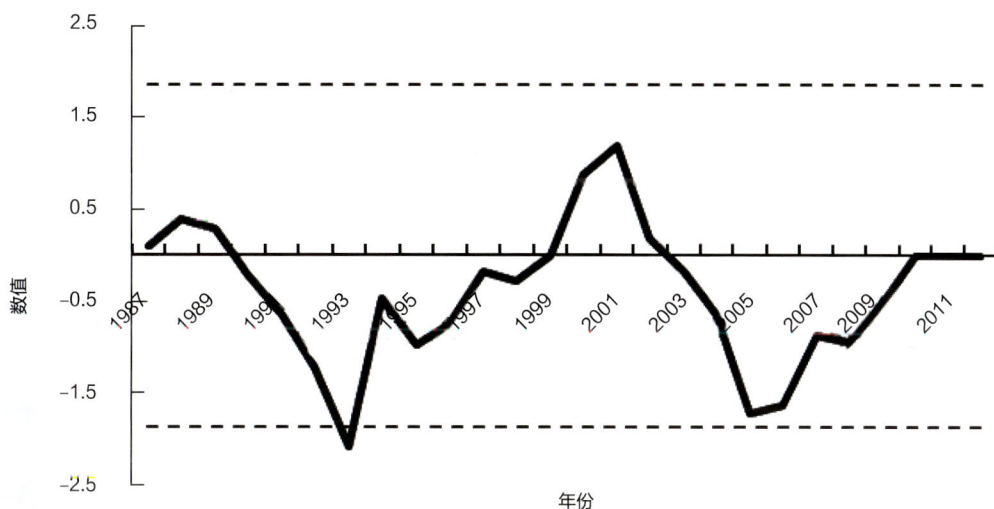

图 1-2-3 冷涡局地暴雨日数滑动 t 检验

2.1.2 东北冷涡局地暴雨的月、旬变化

通过对冷涡局地暴雨的月变化（图 1-2-4）统计发现，冷涡局地暴雨从 4 月开始出现；4—7 月呈现逐月增加的趋势；6 月日数明显增多，为 5 月的 6 倍；7 月达到峰值，日数为 93 d；8 月、9 月开始下降，8 月发生冷涡局地暴雨的日数少于 6 月，9 月发生冷涡局地暴雨的日数要多于 4 月、5 月。为了对比分析，对非局地冷涡暴雨也进行了逐月分布统计，可以看到，非局地暴雨与局地暴雨同样是 7 月达到峰值，次数占冷涡暴雨总次数的 76%。8 月减少到 7 月的 60%，不如局地冷涡暴雨次数减少得明显。非局地冷涡暴雨在 4 月没有出现过。

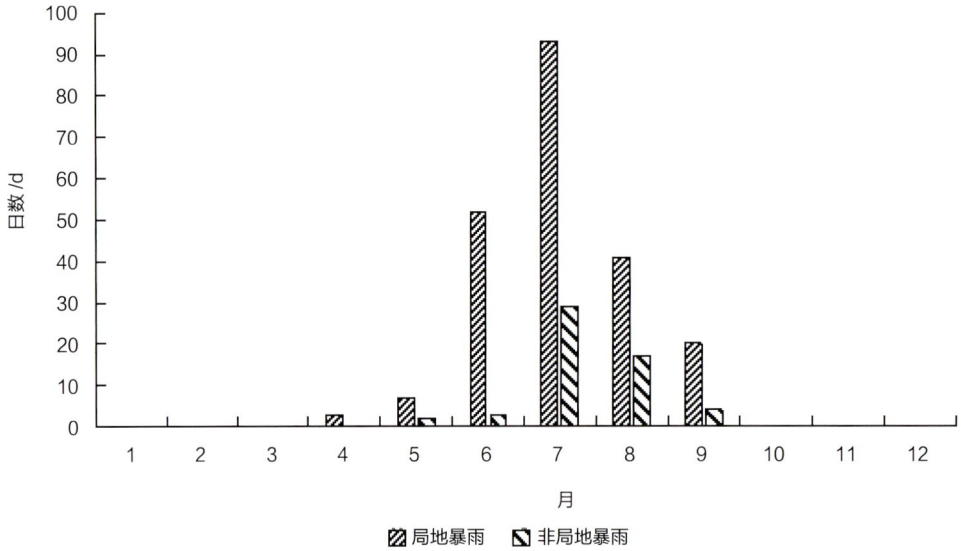

图 1-2-4　冷涡局地暴雨和非局地暴雨日数月分布图

冷涡局地暴雨从 4 月上旬开始；6 月上旬开始明显增多；7 月中旬达到峰值；8 月上旬日数少于 8 月中下旬，8 月中旬开始呈逐旬下降的趋势，是一个先增加后减少的趋势。对比分析非局地暴雨，峰值出现在 7 月下旬，比局地暴雨滞后。8 月上旬局地暴雨日数明显偏少，而非局地暴雨日数明显偏多（图 1-2-5）。

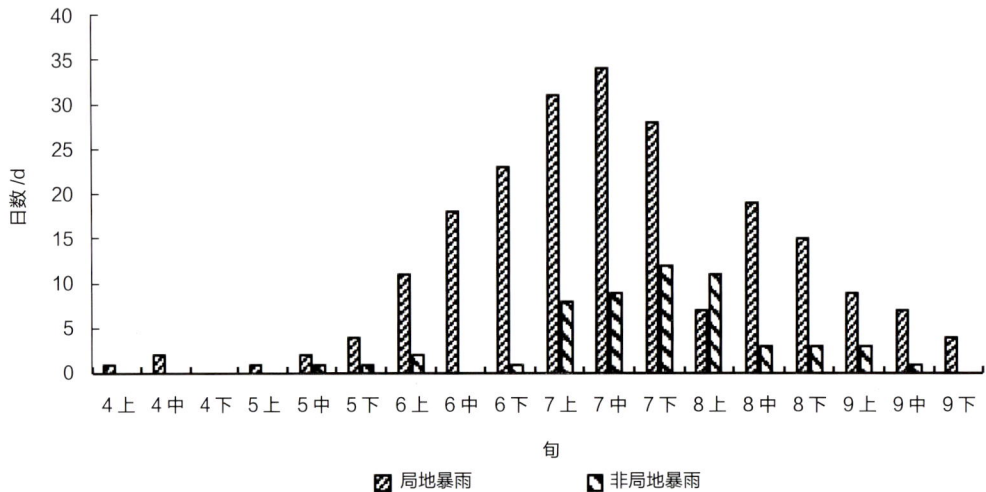

图 1-2-5　局地暴雨和非局地暴雨旬变化分布

2.2　东北冷涡局地暴雨空间分布特征

从局地暴雨频次分布图（图 1-2-6）中可以看出，局地暴雨的大值中心在丹东，丹东为 21 d，宽甸为 19 d，占各站平均日数 2.5 倍以上。总体来看，局地暴雨主要发生在辽宁的东南、东北部地区，尤其在东南沿海地区易发。从局地大暴雨频次分布图（图 1-2-6）中可以看出，局地大暴雨丹东地区发生的频率大于其他地区。易发区与非局地冷涡暴雨（图 1-2-7）非常相似，区别为冷涡非局地暴雨另有一易发区在锦州附近，而局地暴雨并没有。局地大暴雨日数明显小于非局地大暴雨日数。从地形方面分析局地暴雨发生规律，根据发生局地暴雨地区的海拔高度进行分析，平原地区暴雨平均日数为 8.3 d，山地（海拔 200 m 以上）暴雨平均日数为 7.6 d，平原地区暴雨日数多于山地发生日数。

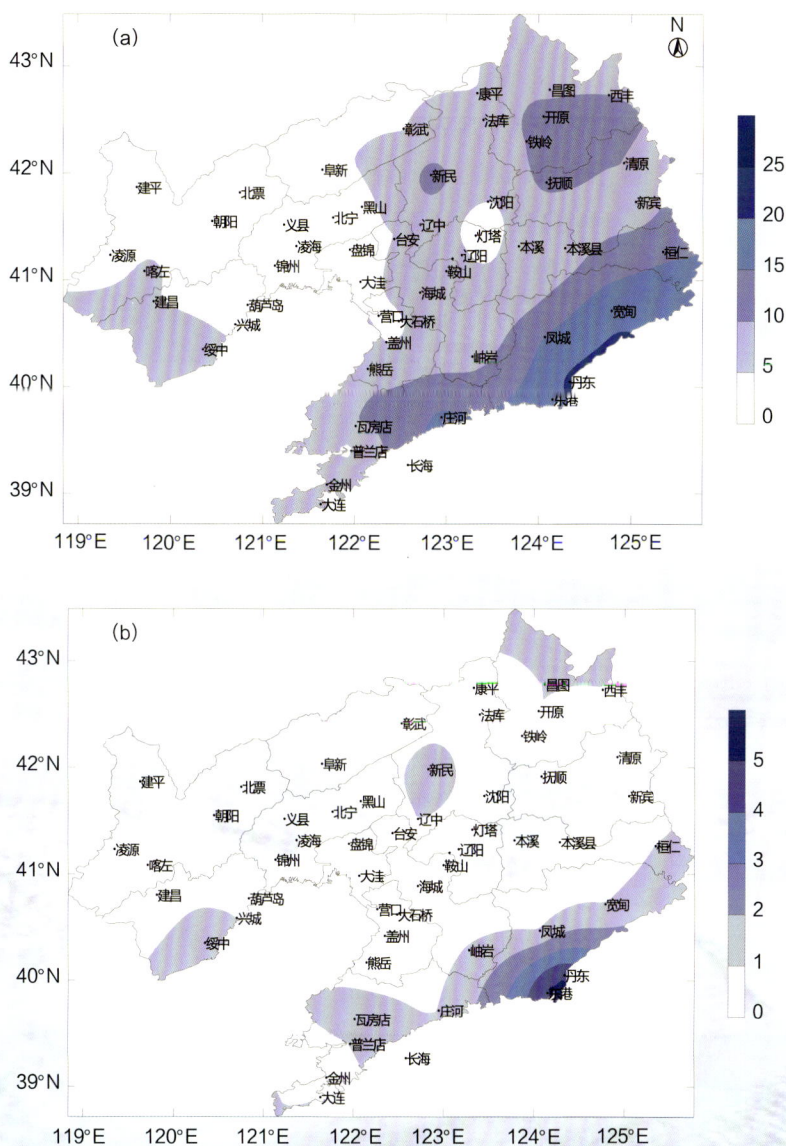

图 1-2-6　冷涡引发局地暴雨（a）、大暴雨（b）站数空间分布

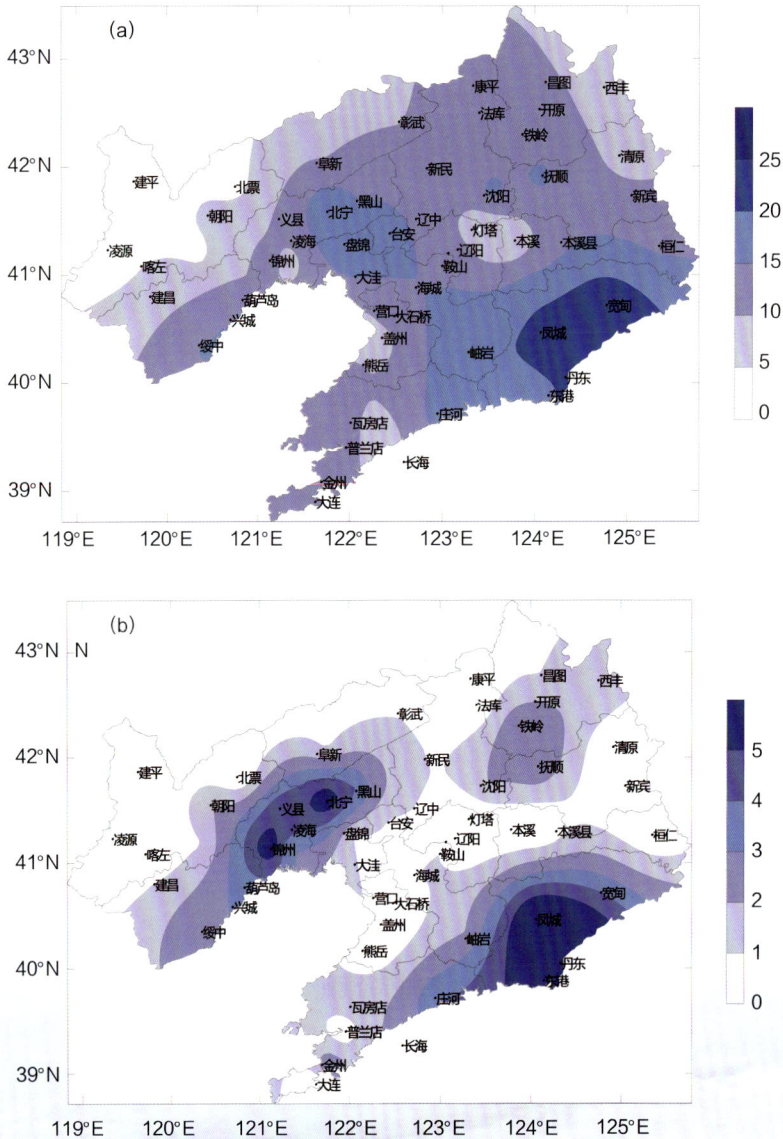

图 1-2-7　冷涡引发非局地暴雨（a）、大暴雨（b）站数空间分布

2.3　小结

根据东北冷涡定义，用Fortran9.0编写程序挑选东北冷涡天气过程，并进行人工校对。根据辽宁省气象局暴雨业务规范中的局地暴雨定义，筛选出符合局地暴雨（包括大暴雨）条件的东北冷涡日期。统计辽宁受东北冷涡影响导致局地暴雨发生日数的变化特征，结论如下：

（1）东北冷涡影响下，局地暴雨发生次数明显多于非局地暴雨，占总暴雨日数的79%，6月比例最高，占95%。辽宁局地暴雨日数有逐年减少的趋势，其中1986年出现的冷涡局地暴雨日数最多，而 1998 年没有出现冷涡局地暴雨，总体年际变化呈逐年下降趋势。

（2）冷涡局地暴雨从 4 月上旬开始出现，明显早于非局地暴雨。6 月上旬开始明显增多，6 月呈倍数增长；7 月中旬达到峰值；8 月上旬日数少于非局地冷涡暴雨，8 月中旬开始呈逐旬下降的趋势。发生期长于非局地暴雨。

（3）局地暴雨主要发生在辽宁东南、东北地区，在丹东有大值中心，为 21 d，是各站平均日数 2.5 倍以上。平原地区暴雨日数多于山地日数，局地暴雨易发生在东南沿海地区。

3 不同类型冷涡局地暴雨特点和生命期划分

通过对东北冷涡背景下局地暴雨时空分布特征的分析，从时间和空间上对该类型暴雨的发生规律有一定认识，由于冷涡时间持续 3 d 或 3 d 以上，是一个不断变化发展的过程。因此，本章对东北冷涡天气系统进行分类别、分时期讨论，并结合发生频次和降水情况，分析不同类型和处于冷涡过程不同时期的局地暴雨特征。

3.1　东北冷涡中心位置与局地暴雨的关系

3.1.1　南北位置与局地暴雨的关系

统计 1979—2019 年发生局地暴雨冷涡中心位置，将冷涡中心位于 50°~60°N、115°~145°E 范围内定义为北涡，冷涡中心位于 40°~50°N、115°~145°E 范围内定义为中间涡，冷涡中心位于 35°~40°N、115°~145°E 范围内定义为南涡，按此标准对造成辽宁局地暴雨的冷涡天气系统进行划分。从冷涡中心位置和纬度关系图（图 1-3-1）可以看出，对辽宁局地暴雨影响最多的东北冷涡主要为中间涡和北涡。中间涡为 125 次，占总次数的 58%；北涡为 89 次，占总次数的 40%；而南涡对辽宁局地暴雨基本没有影响。其中，冷涡中心位于 45°~50°N 时发生局地暴雨的概率最高。45°~55°N 局地暴雨的发生次数占总次数的 78%。李爽（2017）指出，辽宁 6 月短时强降水主要由中间涡引起。

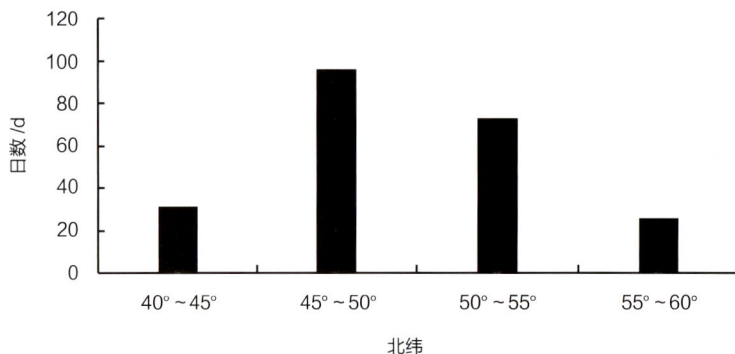

图 1-3-1　冷涡中心位置（南北）与发生局地暴雨日数

3.1.2　东西位置与局地暴雨的关系

从发生局地暴雨的冷涡中心东西位置来看，主要位于115°～145°E，将其平均分为3个区间，定义115°～125°E为西涡，125°～135°E为中涡，135°～145°E为东涡。其中西涡110个，占比51%；中涡78个，占比36%；东涡28个，仅占13%。说明西涡型冷涡对局地暴雨的影响最大，中涡次之，东涡影响很小。从经度和局地暴雨发生日数关系图（图1-3-2）可以看到，位于115°～130°E范围内，辽宁地区局地暴雨明显多于其他冷涡中心位置，即500 hPa冷涡中心对应辽宁经度范围内时更容易引发局地暴雨。

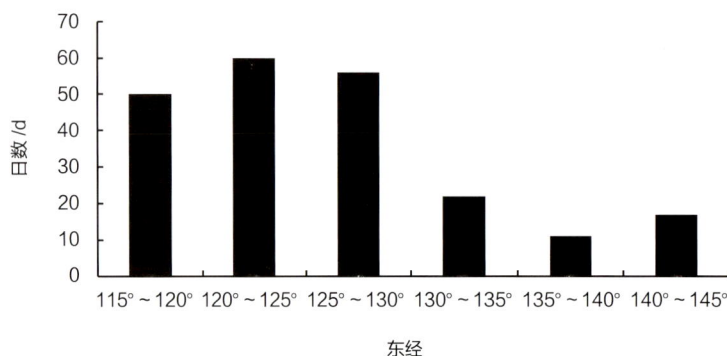

图 1-3-2　冷涡中心位置（东西）与发生局地暴雨日数

3.2　东北冷涡移动速度与局地暴雨关系

根据局地暴雨前一日和当日冷涡中心移动的经距、纬距进行计算冷涡的移动速度，一日内移动速度大于等于4个经距或2个纬距（快速型）的东北冷涡形势下发生局地暴雨共计87次，其他类型（慢速型）东北冷涡发生局地暴雨129次。而快速型中，经向快速移动有67次，纬向快速移动有10次，经向和纬向移速均较快的有10次，可见造成局地暴雨经向移动的冷涡明显多于纬向移动的冷涡。其中有11次冷涡的经向速度和纬向速度都较快，从暴雨日前一日到暴雨发生日的移动方向看，西北向东南方向移动的为9次，西南向东北移动的为2次，慢速型移动方向主要是自西北向东南方向。有少数冷涡稍有回旋，占总次数的20％。可以看出，辽宁局地暴雨主要受西北向东南方向移动的冷涡影响，冷涡慢速移动较快速移动更容易引发局地暴雨，快速型冷涡引起局地暴雨的冷涡天气过程主要是经向移动。

统计局地暴雨发生当天快速型和慢速型冷涡造成小雨、中雨等各量级降水的平均站数（图1-3-3），发现快速型局地暴雨发生时小雨站数多，慢速型中雨以上站数多。快速型降水偏小量级所占比例大，出现的暴雨较为局地。慢速型中雨以上量级范围均大于快速型降水，容易导致相对范围较大的强降水。慢速型冷涡局地暴雨平均降水量和最大降水量均大于快速型（图1-3-4）。

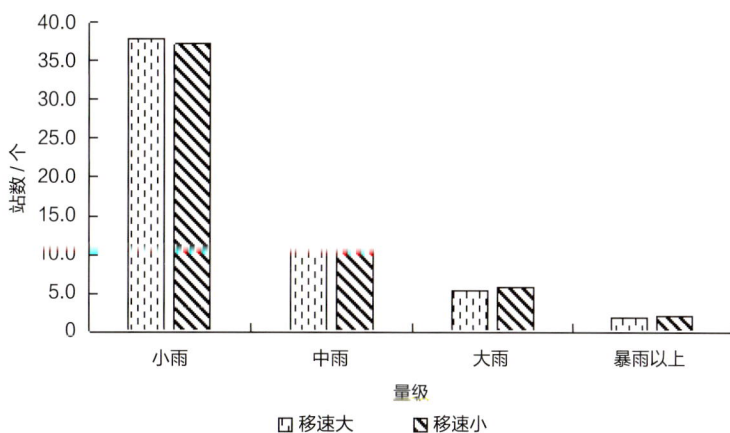

图1-3-3　冷涡中心移速与不同降水量级平均站数

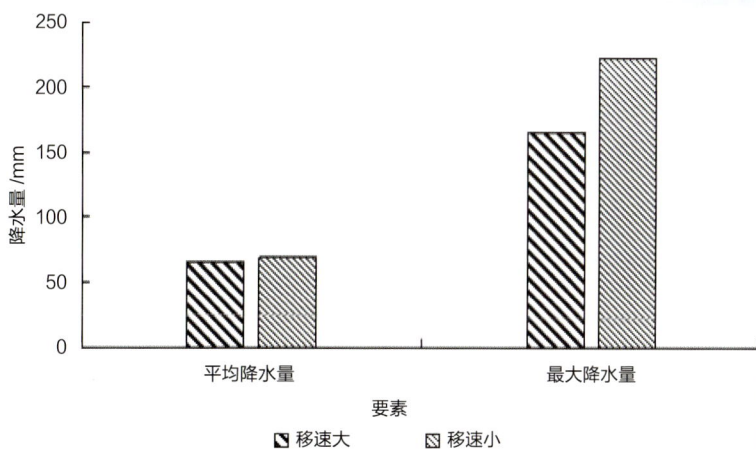

图1-3-4　冷涡中心移速与暴雨平均降水量和最大降水量

3.3 涡生命期划分和局地暴雨的特征

1979—2019 年，辽宁发生冷涡局地暴雨的冷涡过程平均生命期为 4.5 d，发生局地暴雨的东北冷涡生命期在 3 d 的有 92 个，占总日数的 43%；生命期在 4 ~ 7 d 的有 103 个，占总日数的 48%；生命期在 7 d 以上发生日数为 21 个，占 10%（图 1-3-5）。影响局地暴雨冷涡持续 4 d 以上的个例占总数的 1/2。为便于分析整个冷涡过程演变与局地暴雨关系的变化情况，以下采用两种方式对冷涡生命期进行划分，讨论冷涡发生过程中的演变是否与局地暴雨存在关系：第一种分类方式是百分位法分类，以 25% 分位数将冷涡整个生命期 4 等分，分别称作阶段 1、阶段 2、阶段 3、阶段 4。第二种分类方式是以冷涡中心气压变化划分，将整个生命期分为 3 个时期，分别称作发展期、成熟期、减弱期。

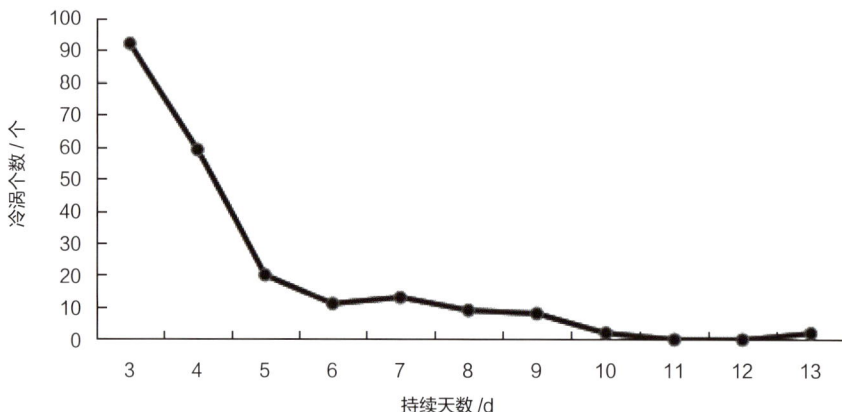

图 1-3-5　冷涡生命期长度与发生局地暴雨次数关系

3.3.1　按冷涡天数划分

3.3.1.1 冷涡天数与局地暴雨发生次数的关系

为了研究局地暴雨易发生在整个冷涡过程的哪段时间，将每个冷涡过程平均分为 4 段，以 25% 为间隔值，分别称作阶段 1、阶段 2、阶段 3、阶段 4，计算局地暴雨发生当日处于冷涡过程的阶段（图 1-3-6）。可以看出，发生在阶段 4 的局地暴雨最多，为 73 次，占总次数的 34%；发生在阶段 1 的局地暴雨最少，为 13 次，占总次数的 6%。即从冷涡发生到结束，局地暴雨发生的概率是增加的，阶段 4 发生冷涡局地暴雨的概率是阶段 1 的 5.6 倍。因此，冷涡持续的时间越长，越要防范局地暴雨的发生。

3.3.1.2　冷涡天数与不同量级降水范围和强度的关系

局地暴雨发生的同时一般会伴随有小雨、中雨等其他量级的降水，为了研究冷涡发生天数与降水范围和量级的关系，分别对每一阶段的降水范围和量级进行统计。由图 1-3-7 可见，阶段 1 中雨以上量级偏多，阶段 4 虽然局地暴雨频发，但暴雨平均站数较少，小雨站数偏多，说明阶段 4 暴雨的局地性较强。4 个阶段出现的平均暴雨强度相当，阶段 2 最大降水量大（图 1-3-8）。

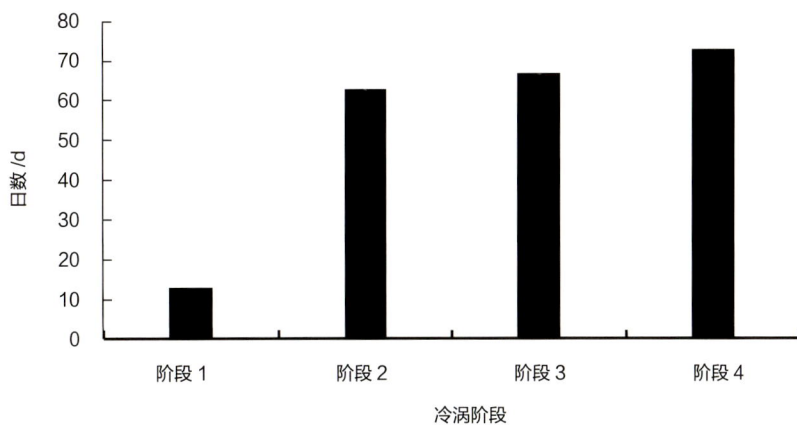

图 1-3-6　冷涡生命期阶段与发生局地暴雨日数

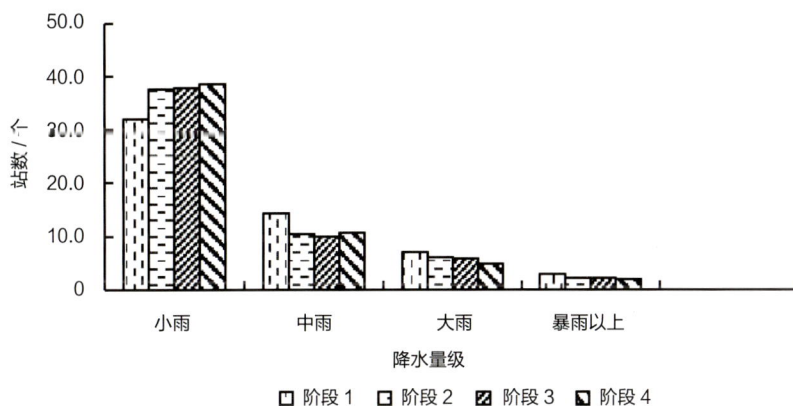

图 1-3-7　冷涡生命期阶段与不同降水量级平均站数

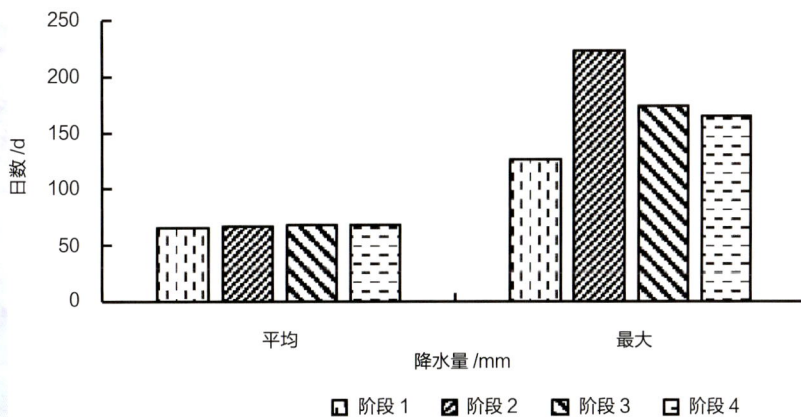

图 1-3-8　冷涡生命期阶段与降水强度

3.3.2 按冷涡强度划分

3.3.2.1 冷涡强度与局地暴雨发生次数的关系

前面按阶段划分冷涡生命期分析了冷涡发生时间与局地暴雨的关系，为进一步分析冷涡强弱对局地暴雨的影响，按照冷涡中心的强度对冷涡生命期进行划分。根据孙力等（1994）的研究，当冷涡中心某时次的 500 hPa 位势高度闭合中心的位势高度值较上一时次有所降低时，这个时次作为冷涡的发展期，相反情况称之为冷涡的减弱消亡期，若变化趋势不明显，则认为是成熟阶段。依据此方法对 1979—2019 年发生冷涡局地暴雨在整个冷涡过程中处于的时期进行分类（图 1-3-9）得出，处于发展期的 60 次，成熟期 53 次，减弱期 103 次。各个时期局地暴雨都有发生，冷涡减弱期最多，成熟期少于发展期。何晗等（2015）得出冷涡各个发展阶段均发生短时强降水，短时强降水的站次在发展期最多，成熟时期略少于发展时期，减弱期最少。对比相关文献统计结果，短时强降水易发生在发展期，局地暴雨易发生在减弱期，说明减弱期的强降水站数一般不多，更加局地，不易造成大范围强降水。马素艳（2015）指出，冷涡发展阶段降水主要由其南部西风锋区湿斜压不稳定产生，在其他阶段，降水则主要由对流不稳定产生，以局地对流性降水为主。

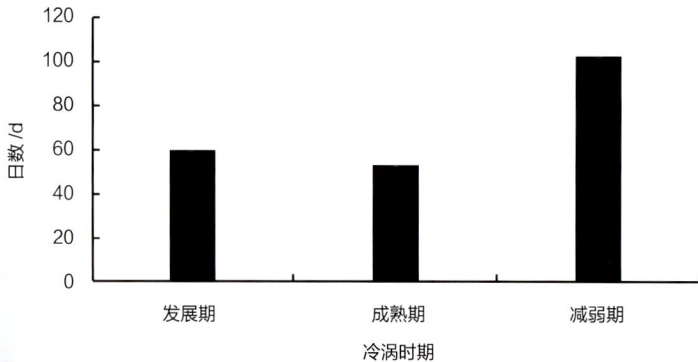

图 1-3-9　冷涡发展阶段与局地暴雨日数

3.3.2.2 冷涡强度与不同量级降水范围和强度的关系

统计局地暴雨发生时，从暴雨、大雨、中雨、小雨量级的降水平均站数（图 1-3-10）可见，发展期中雨、大雨等大量级降水范围大，成熟期暴雨范围大，而减弱期小雨范围大，大量级降水（中雨以上）范围较小，表明发展期平均降水量偏大，减弱期发生的暴雨较为局地。从暴雨量级统计来看，发展期降水极值最大，减弱期暴雨以上降水量平均值相对较大（图 1-3-11）。陈力强（2008）研究指出，在发展期的冷涡降水，主要是大范围的系统性降水，在成熟期和减弱期，降水主要由于对流不稳定引起，以分散的中小尺度对流为主。

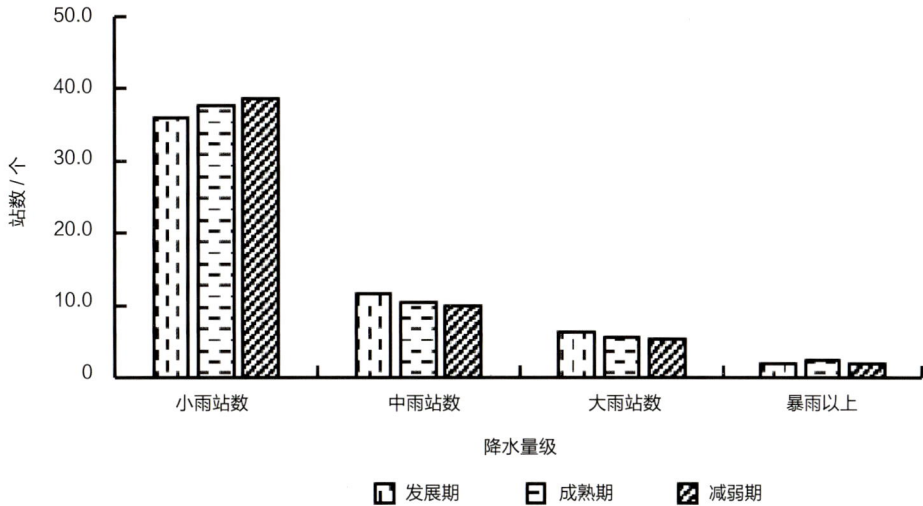

图 1-3-10　冷涡发展阶段与不同降水量级平均站数

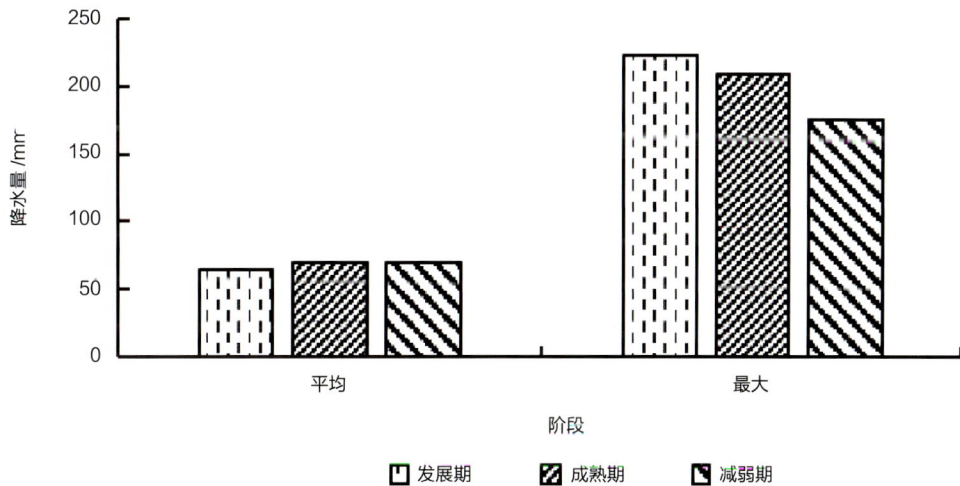

图 1-3-11　冷涡发展阶段与局地暴雨强度

3.4　小结

（1）东北冷涡天气引起的局地暴雨以中间涡最多，占总次数的 58%；南涡影响下没有局地暴雨产生，涡中心位置主要在 45°～55°N，发生局地暴雨次数占总次数的 78%。

（2）西涡型冷涡对局地暴雨的影响最大，中涡次之，东涡影响很小。冷涡中心位置位于 115°～130°E 范围内引起的局地暴雨多于其他经度范围。

（3）辽宁局地暴雨主要受西北向东南方向移动的冷涡影响，移速慢的冷涡较移速快的冷涡更容易发生局地暴雨。

（4）从冷涡天气过程时间来看，冷涡的后面阶段更容易发生局地暴雨；从冷涡中心强度来看，局地暴雨在 3 个时期都有发生，冷涡减弱期发生频次最多，成熟期最少，发展期中雨以上降水范围最大，减弱期暴雨局地性更强。

第二篇

东北冷涡天气尺度特征分析

1 东北冷涡环流分型

按照东北冷涡定义，在 500 hPa 高空图上，凡连续 3 d 以上在东北地区（38°~54°N，115°~135°E）至少有一条闭合等高线并有明显的冷槽或冷中心配合的低压称为东北冷涡，所以在对流层中层对应较深厚的冷空气是冷涡的共同特点。对 1979—2019 年 5—10 月东北冷涡个例进行普查，共得到 600 个影响东北的冷涡个例。分析这些冷涡结构及其对应的降水，可将东北冷涡划分为两类，分别为深厚型冷涡和浅薄型冷涡。冷涡环流从对流层中层到低层均有明显的冷槽或冷中心配合，冷性环流基本抵达地面，且几乎呈垂直分布，由于冷涡冷空气团深厚，认为该冷涡为深厚型冷涡；冷涡环流在对流层低层（800 hPa 以下）对应冷暖波动，而不是明显的冷型环流，由于冷涡中低层温度配置不同，冷涡冷空气层相对比较浅薄，则认为该冷涡为浅薄型冷涡。这两类冷涡都是东北地区主要的降水影响系统，且有不同的降水机制和降水分布，在实际预报中容易混淆，导致预报出现失误。本分型方法从冷涡的物理结构出发，较前述按地理位置将东北冷涡分为北涡、中涡和南涡物理意义更为明确，由于不同类型冷涡对应降水机制不同，对预报业务更有意义（图 2-1-1）。

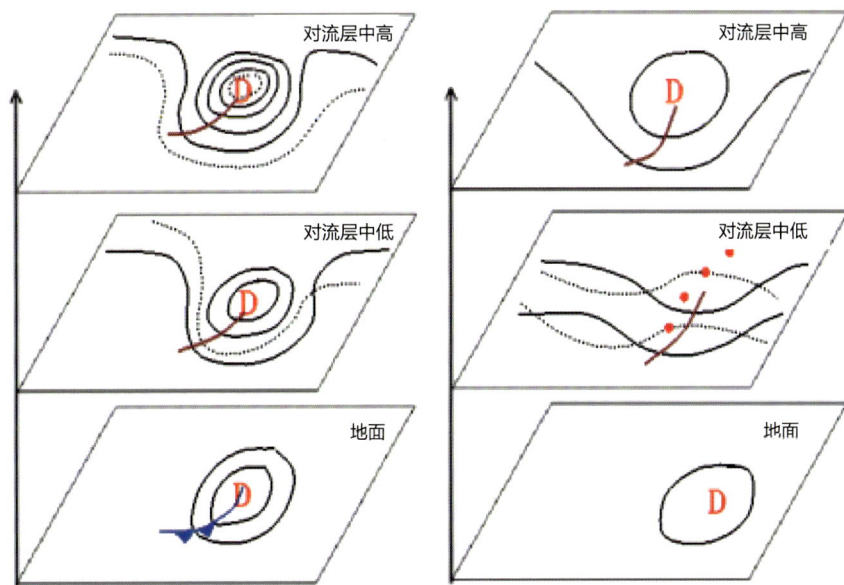

图 2-1-1 深厚型冷涡和浅薄型冷涡示意图

经过统计，深厚型冷涡占 39%，浅薄型冷涡占 61%。分别选取一个典型个例作为该型的代表，分析其结构及其降水机制的不同。深冷型冷涡代表个例为 2005 年 7 月 8—13 日冷涡过程，冷暖波动型冷涡代表个例为 2002 年 7 月 11—15 日冷涡过程。

2 天气实况

2.1 2005 年 7 月 8—13 日（深冷型冷涡）

2005 年 7 月 8—13 日，一次东北冷涡过程影响辽宁。整个冷涡过程均对应对流性降水，均出现了雷暴，局地甚至出现了短时大风和冰雹。冷涡过程的不同阶段具有不同的降水特点，7 月 8—9 日降水以大范围系统性降水为主，属于气旋锋前暖区混合性降水，伴有强对流天气发生，降水强度较大，降水日变化不太明显，最大 1 h 雨量发生在辽西的喀左，达 58.8 mm，2 h 雨量达 100.3 mm，发生在后半夜；10—13 日天气现象以分散的中小尺度对流为主，雨强和范围明显减小，10 日最大 1 h 降水发生在锦州，雨量为 35.1 mm，有明显日变化，强对流主要出现在午后到傍晚，属局地对流性降水，降水强度分布不均。

2.2 2002 年 7 月 11—15 日（冷暖波动型冷涡）

2002 年 7 月 11—15 日，辽宁受东北冷涡南部锋区影响，连续 5 d 出现强对流天气，且发生时间多集中在傍晚到前半夜，发生地点基本在沈阳附近。本次过程的降水特点为降水非常集中，历时短，强度大，苏家屯站 12 h 雨量达 168.8 mm，3 h 雨量达 115 mm，1 h 雨量达 56.9 mm，为短时特大暴雨，且伴随局地冰雹、大风等天气，最大风力达 10 ~ 12 级。其中沈阳观测站 11 日雨量为 59 mm，12 日为 72 mm，13 日为 10 mm，14 日为 37 mm，15 日为 59 mm，这种在同一地点连续 5 d 出现强对流天气非常罕见。本次过程使河流暴涨、通信设施、农作物等遭受雹灾和大风袭击，损失严重，受灾面积 89.5 万亩，8 人死亡。从卫星云图演变可以看出，7 月 12 日 15 时以前辽宁基本为晴空区，16 时辽宁北部和西北部均有弱的对流云团发展，18 时西北部云团迅速发展东移，而北部云团少动并有减弱的趋势，20 时两云团合并，在辽宁中北部形成典型的中 β 尺度近于圆形的 MCC，以后位置少动，到 22 时云团减弱。本次过程沈阳站的降水从 19 时 30 分到 21 时左右，持续 1 个多小时，雨量达 72 mm。

3 对流层中低层环流

3.1 深冷型冷涡

2005 年 7 月 8—13 日是一次典型而完整的主要影响辽宁的冷涡过程。其生命史可划分为发展期、成熟期和减弱期。2005 年 7 月 8 日 08 时，贝加尔湖西部阻塞高压发展，其东部切断低压发展形成经向分布的冷涡，冷涡南部为西风锋区，冷涡西南部受阻塞高压前部下滑冷空气的影响，锋区最强，且有正涡度平流向东输送，受其影响在对流层低层有气旋环流发展，并沿冷涡南部环流向东然后向东北移动发展。9 日 08 时（图 2-3-1），500 hPa 冷涡中心东南移，冷中心落后于高度中心，冷涡环流前部为暖脊。850 hPa 对应 2 个气旋性环流，一个较强，为在西风锋区上东移发展形成的主要环流，一个较弱，为中高层冷涡中心对应的次环流，其中主气旋环流对应较强的湿度锋，产生了较强降水，而次环流基本无降水。所以冷涡发展期降水主要由其南部西风锋区湿斜压不稳定产生，属于大范围混合型降水，具体影响系统为对流层低层的气旋。随着降水系统沿冷涡东南部环流向东北移动减弱并与冷涡中心对应环流合并，冷涡进入成熟期。成熟期 500 hPa 冷涡位置少动，7 月 10 日 08 时，冷涡中心位于辽宁西北部，涡中心与冷温度中心基本重合，850 hPa 只在高层冷涡中心附近对应一个气旋式环流，而该环流锋面结构已不明显，对应冷气团，湿度锋消失，降水以分散型对流降水为主。12 日 08 时 500 hPa 环流减弱呈横槽形，并对应冷区，冷涡进入减弱期，对流层低层气旋性环流减弱为辐合线，也对应冷区，冷涡从对流层下层到中层均为冷区，低层辐合减弱，仅对应局部的阵性降水。14 日 08 时，冷涡系统迅速减弱消失，过程结束。可以看出此型冷涡成熟期冷空气深厚，阶段性明显，不同阶段降水机制和性质不同。

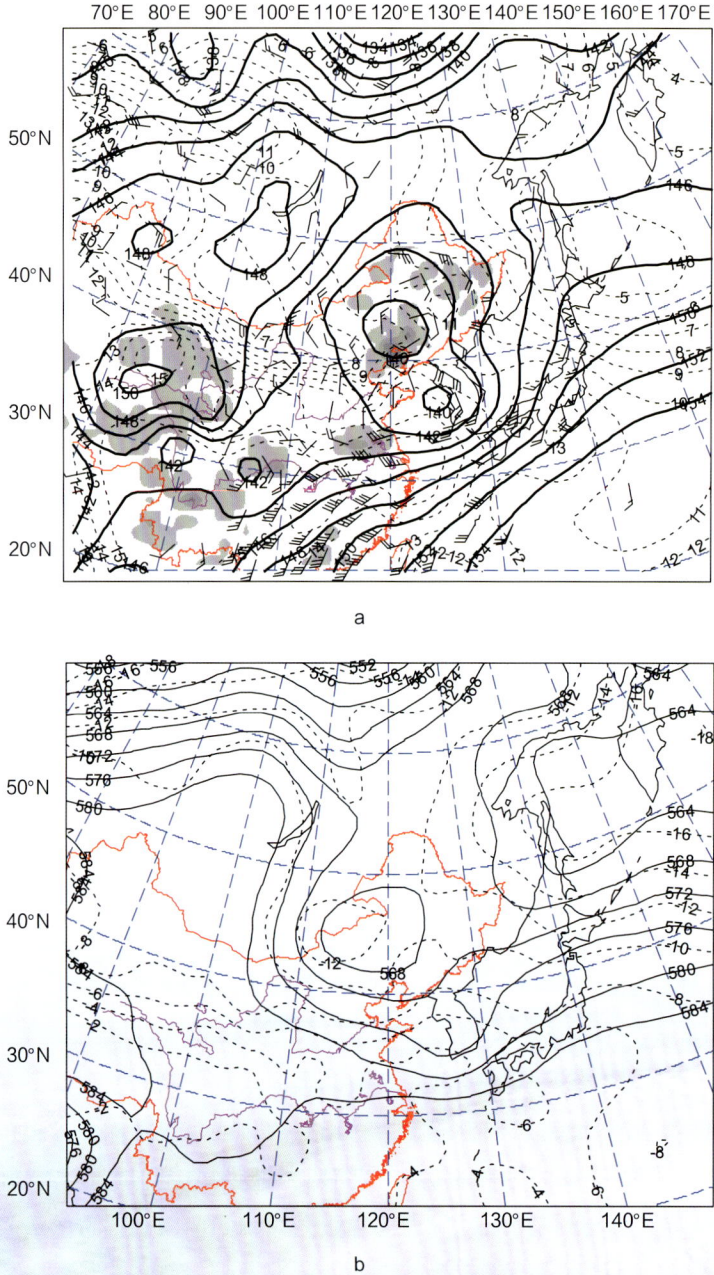

图 2-3-1 2005 年 7 月 9 日 08 时 （a）850hPa 高度（实线）、相当位温（虚线）、风矢和 6 h 降水量
（阴影）；（b）500hPa 高度（实线）和温度（虚线）

3.2 冷暖波动型冷涡

2002 年 7 月 11—15 日一次冷涡过程影响东北地区，造成辽宁地区连续 5 d 反复在午后到傍晚出现强对流天气。前期贝加尔湖一带为宽平的低压带，副热带高压主体位于

140°E以东，日本海有低压沿副高西北侧外围向东北移动，11日20时此低压与贝加尔湖低压带合并，形成东西向冷涡带，同时贝加尔湖西部高压脊发展，向冷涡区输送冷空气，使东北冷涡维持。虽然500 hPa冷涡环流呈纬向分布，但温度场的分布呈经向，冷涡西部为冷槽，东部为弱的温度脊，冷涡区的温度梯度并不大，总体呈冷性，在对流层中层提供了冷空气条件。冷涡南部为平直西风锋区，容易产生短波扰动。850 hPa两个低涡组成了纬向低涡区，这里主要关注影响东北的西部低涡，可以看出该低涡有复杂的气流分布，西南侧为干暖的西北气流，南侧为暖湿西南气流，西北和东南为冷槽，北部为弱的暖脊，对流性降水分布在低涡辐合环流中，对应相当位温大值区，其中强对流发生在冷涡南部相当位温锋区切变线附近。12日12时（图2-3-2），冷涡系统东南压，500 hPa冷涡西部依然

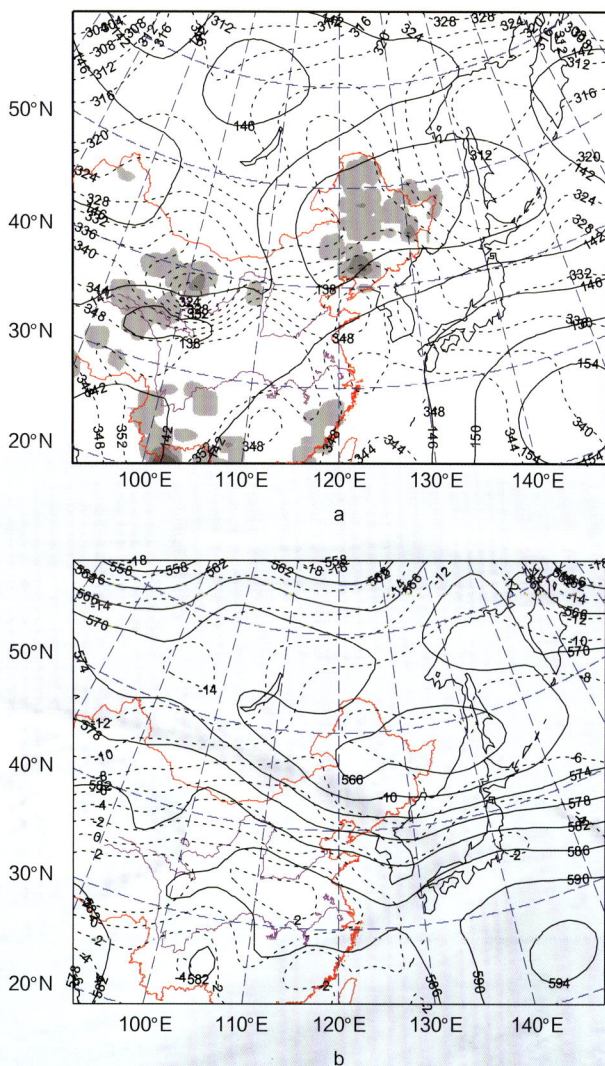

a

b

图2-3-2 2002年7月12日12时(a) 850 hPa高度（实线）、相当位温（虚线）和6 h降水量（阴影）；(b) 500 hPa高度（实线）和温度（虚线）

为冷槽，东部为暖脊，但冷空气入侵更为偏南，一直到其南部锋区，这是由冷涡冷空气和西风带冷槽叠加形成的，这样在对流层中层形成了更强的冷空气条件。受 500 hPa 锋区波动影响，850 hPa 冷涡南部的西南暖湿气流和西北干冷流加强，冷涡区及其北部为相对孤立的暖湿区，对流天气发生在相当位温脊区和锋区对应的冷涡切变线附近，强对流发生在相当位温强锋区的暖湿切变附近。14 日 20 时，500 hPa 涡区继续东南压，其中温度结构发生了变化，整个冷涡区为均匀的弱冷空气，涡区南部锋区南压到 40°N 以南。对应850 hPa 最大的变化为冷涡区及其北部孤立的暖湿区消失，由偏东冷湿流替代，但冷涡环流及其南部依然对应干湿、冷暖对比，对流发生在相对位温梯度区、冷涡切变线附近。15日 20 时，虽然冷涡减弱南压，其南部锋区也南压，辽宁整层大气受稳定的冷性气团控制，但在其南部 850 hPa 依然维持相当位温锋区，冷涡区依然对应对流。可以看出此型冷涡在对流层中低层冷暖波动明显，但过程的阶段性不明显，降水受对流层低层温湿配置和切变（辐合）线位置影响很大，以移动性不强的中尺度对流降水为主。另外可以看出，08 时降水强度和范围明显小于 20 时，这是受太阳辐射日变化的影响，所以太阳辐射日变化对该型冷涡降水也有明显影响，在日常预报中需考虑该因素。

4 对流层高层环流对比

东北冷涡是深厚的低值系统，对流层高层系统对其下层有明显影响。本章以 300 hPa作为代表层分析各型对流层高层环流特征。

4.1 对于深冷型东北冷涡，对流层高层也为冷涡系统，有明显的闭合低压和闭合冷中心，冷涡环流南侧为副热带急流

在发展阶段 2005 年 7 月 9 日（图 2-4-1），300 hPa 冷涡中心强度为 9290 位势米，斜压降水发生在涡前部东南气流中的负涡度带中，这个负涡度带是涡前急流和脊后气流共同形成的，与斜压降水有很好的对应关系，副热带急流呈纬向分布。成熟阶段 2005 年 7 月10 日（图 2-4-2），涡前高压脊减弱为平直环流，冷涡环流也有所减弱，中心强度为 9360位势米，冷涡环流轴线由发展阶段的东北西南向转为西北东南向，说明在成熟阶段，对流层高层冷空气已经入侵到冷涡南部，降水以弱的对流性降水为主。冷涡南部的副热带急流纬向性更为明显。减弱阶段 2005 年 7 月 12 日（图 2-4-3），冷涡减弱为东北西南向的延伸很长的低压带，其间对应几个弱的正涡度环流，其南侧为东北西南向的副热带急流。

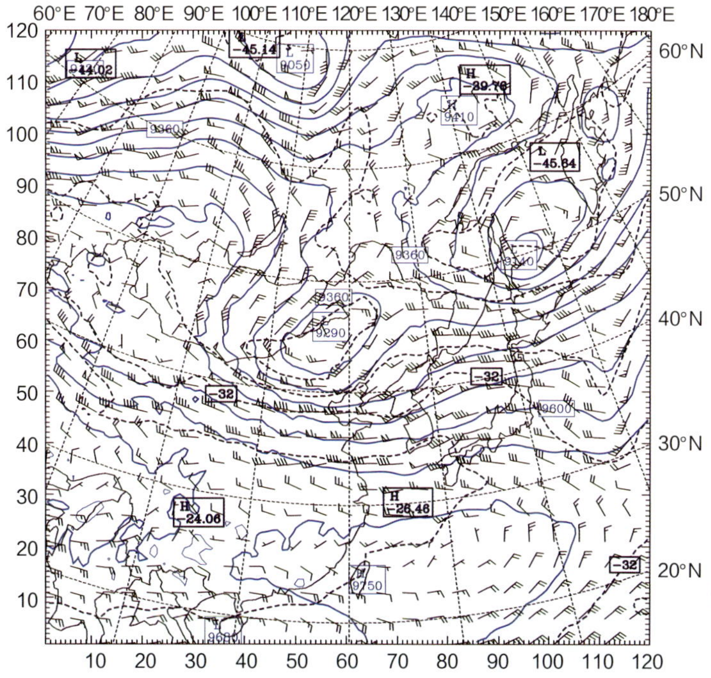

图 2-4-1　2005 年 7 月 9 日 08 时 300 hPa 环流（实线为高度，虚线为温度）

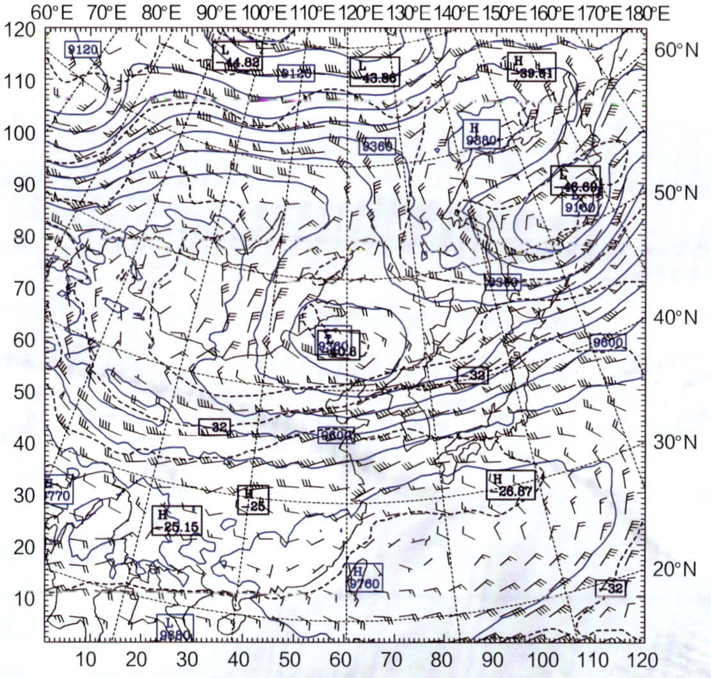

图 2-4-2　2005 年 7 月 10 日 08 时 300 hPa 环流（实线为高度，虚线为温度）

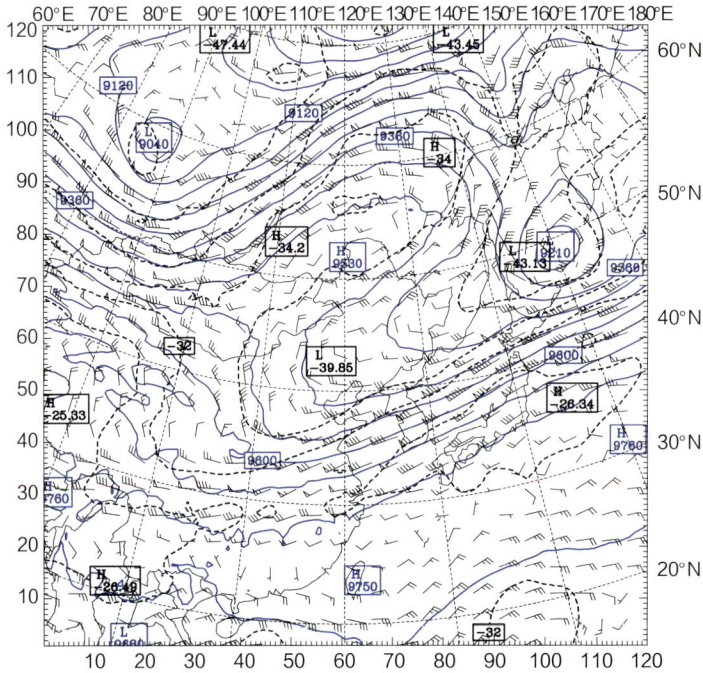

图 2-4-3　2005 年 7 月 12 日 08 时 300 hPa 环流（实线为高度，虚线为温度）

4.2　对于冷暖波动型东北冷涡，对流层中高层环流基本呈纬向分布，接近东西向的闭合冷涡环流南部常对应锋区

　　发展阶段 2002 年 7 月 11 日 08 时（图 2-4-4），在蒙古北部为西北东南向的低压环流，强度较弱，其南部为副热带急流，辽宁位于副热带急流出口区北侧辐散气流中；成熟阶段 2002 年 7 月 12 日 08 时（图 2-4-5），涡前高压脊减弱为平直环流，西北东南向的正涡度带从蒙古北部一直延伸到中国东北地区东部，其间有若干低压环流，最强的低压较发展阶段强度更强，低压带南侧为西北东南向的副热带急流，辽宁位于急流中的辐散气流中。减弱阶段 2002 年 7 月 14 日 08 时（图 2-4-6），低压带轴线转为东北西南向，低压中心减弱东北移，辽宁位于冷涡后部西北气流中。由于副热带急流很强，在冷涡维持期间，低压环流和急流轴之间一直对应较强的正涡度带。

　　从上面的分析可以看出，夏季对流层高层东北冷涡都位于副热带急流北部，发展阶段涡前对应暖高压脊，涡前高压脊减弱为平直环流是进入成熟阶段的标志，冷涡轴线也转为西北东南向，说明冷空气已经入侵到涡的南部，涡区的斜压性较发展阶段明显减小。

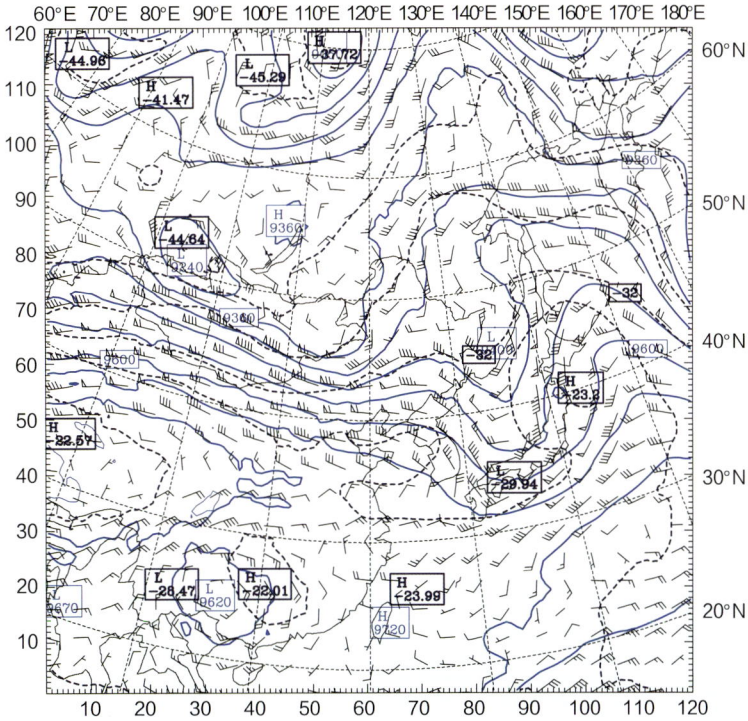

图 2-4-4　2002 年 7 月 11 日 08 时 300 hPa 环流（实线为高度，虚线为温度）

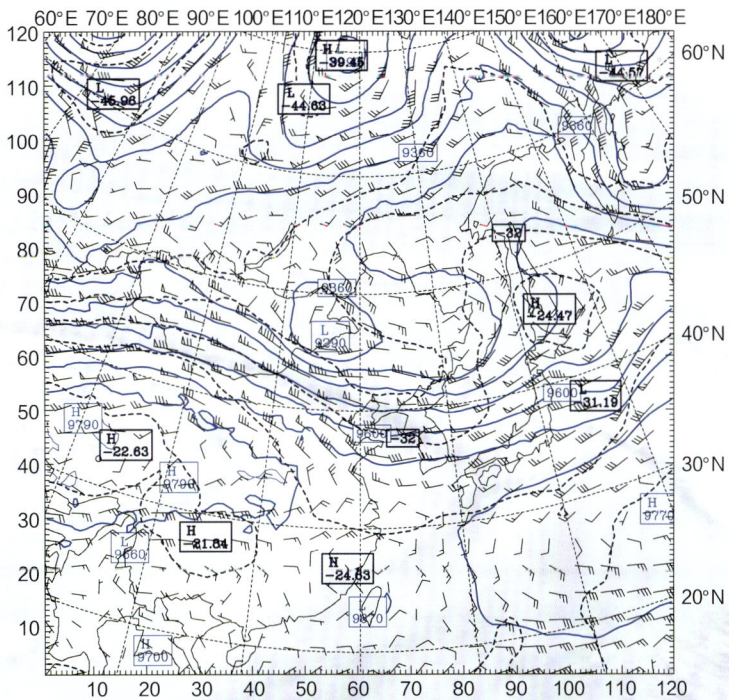

图 2-4-5　2002 年 7 月 12 日 08 时 300 hPa 环流（实线为高度，虚线为温度）

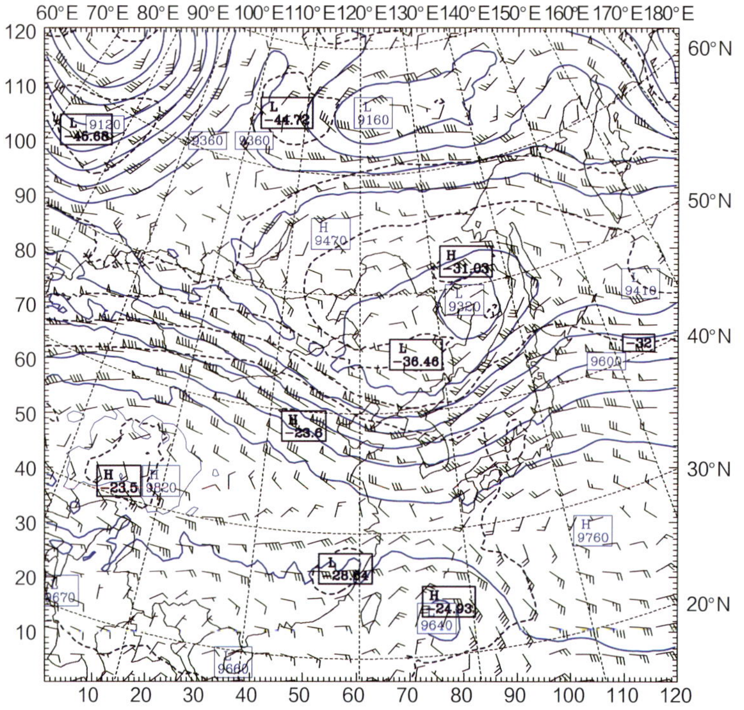

图 2-4-6　2002 年 7 月 14 日 08 时 300 hPa 环流（实线为高度，虚线为温度）

5　边界层环流对比

边界层天气系统和气流直接影响地面天气的发生与发展，因此，分析不同类型冷涡的边界层特征对理解它们的异同非常重要。下面以 925 hPa 为代表层分析各型的边界层特征。

5.1　深冷型东北冷涡

深冷型东北冷涡发展阶段 2005 年 7 月 9 日，边界层为气旋环流，并对应低压中心，气旋顶部为从东部延伸而来的湿冷舌，一直延伸到气旋西北部，气旋后部为暖干气流，沿切变线有非常明显的干线，为较典型的温带气旋模型。成熟阶段 2005 年 7 月 10 日（图 2-5-1），气旋性环流依然维持，其顶部的湿冷舌维持但有所减弱，最大的变化在于气旋环流后部的暖干气流消失，冷空气已经入侵到气旋环流后部，干线也消失。减弱阶段 2005 年 7 月 12 日，气旋性环流明显减弱，表现为切变线和孤立的湿区，冷空气占据了整个气旋性环流区。所以在不同阶段深冷型冷涡的边界层特征不同，主要的区别在于边界层冷空气的入侵范围逐渐扩大，切变线对应的干湿对比减小，对应降水强度和降水性质也发生变化。

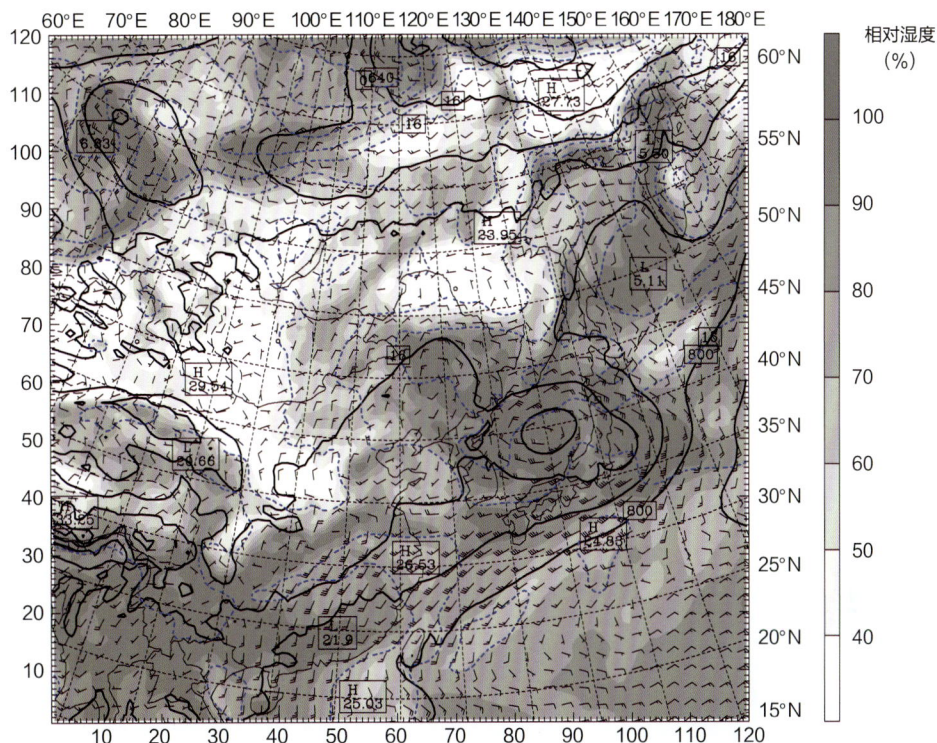

图2-5-1 2005年7月10日08时925 hPa高度（实线）、温度（虚线）和相对湿度（阴影）

5.2 冷暖波动型东北冷涡

冷暖波动型东北冷涡2002年7月11日08时，边界层为很强的低压环流，其北部外围为湿冷舌，低压环流西南部为西北暖干气流，其前部为干线，低压环流的其他部分为暖湿脊，所以低压区的辐合环流及暖湿层结为对流的发生提供了触发和环境条件。2002年7月12日08时（图2-5-2），低压环流由接近圆形演变为纬向型，弱的边界层冷空气覆盖了低压区北部，在低压南部仍对应暖干舌，与冷涡南部系统共同组成了大范围的暖干气流，其前部为暖湿的西南气流，形成了南北向的切变线，对应着强对流天气。2002年7月14日08时，低压带轴线随着高空系统转为东北西南向，形成东北西南向边界层切变线，冷涡北部的冷湿流增强，南部为相当位温锋区，对流发生在相当位温锋区的切变线附近。7月15日08时，边界层低压依然存在，但低压后部暖干气流已不明显。所以冷暖波动型冷涡边界层特征主要表现为涡区及其南部的气温波动，配合切变线产生对流性降水。

从上面的分析可以看出，在边界层东北冷涡都对应较强的从北太平洋延伸而来湿冷舌，深冷型冷涡发展阶段湿冷舌仅位于低压顶部，涡中心后均为干暖气流，干线明显；成熟阶段冷空气绕到低压后部，入侵的范围更大，干线消失；减弱阶段冷空气占据了整个气旋性环流区。冷暖波动型冷涡北部边界层偏东冷流逐渐增强，南部维持相当位温锋区，切变线附近对应强对流天气。

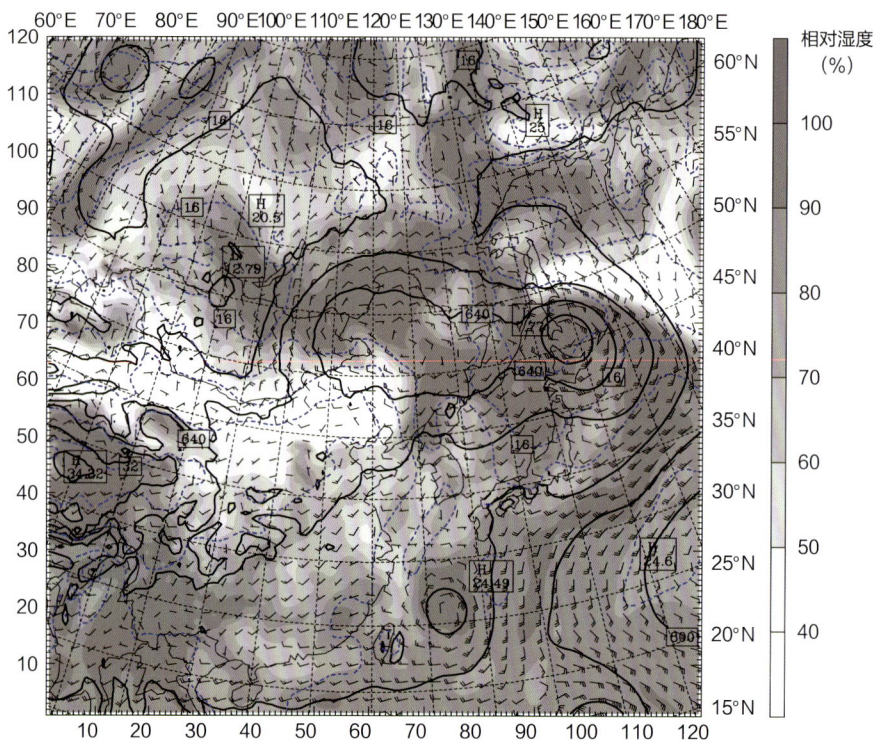

图 2-5-2 2002 年 7 月 12 日 08 时 925 hPa 高度（实线）、温度（虚线）和相对湿度（阴影）

6 对流有效位能分布

6.1 深冷型冷涡

冷涡发展期的降水系统为冷涡中心南部西风锋区对应的对流层低层气旋。2005 年 7 月 8 日 08 时冷涡刚刚生成，对流有效位能（CAPE）区位于冷涡东南部西风锋区中，对应 850 hPa 为东北风与东南风切变线辐合中心附近，但 CAPE 区很弱。8 日 20 时，随着冷涡的加强东南移，中高层冷空气迅速向东南渗透，使冷涡南部西风锋区波动性增强，CAPE 区相对于冷涡的位置没变，但强度明显增强，中心达 1600 J/kg，范围明显扩大，对应对流层低层，CAPE 区与 925 hPa 暖锋南部的西南气流非常吻合，强的 CAPE 区位于冷锋锋前，这与低层西南气流带来的增暖、增湿及中高层冷空气东南下有关。9 日 08 时，随着冷涡南部浅槽的东北收缩，CAPE 区也向北移动（图 2-6-1），位于冷涡东到东南部，在对流层低层，依然对应 925 hPa 冷锋前偏南气流区。另外，降水系统的边界层由西向东倾斜的冷空气垫，形成近地面边界层稳定层结，它一方面可诱发上升气流，另一方面有利于边界层不稳定能量的积累。9 日 14 时，CAPE 区相对于 500 hPa 冷涡和 925 hPa 冷锋的位置没有发生变化，强度变化不大，但其中有日变化的影响，随着对流层低层气旋系统的减弱，对流有效位能实际也在减弱。所以冷涡发展期，对流不稳定能量分布在冷涡中心东南部，与冷涡南部西风锋区诱发的低层气旋相配合，对应 925 hPa 冷锋前的偏南气流区。

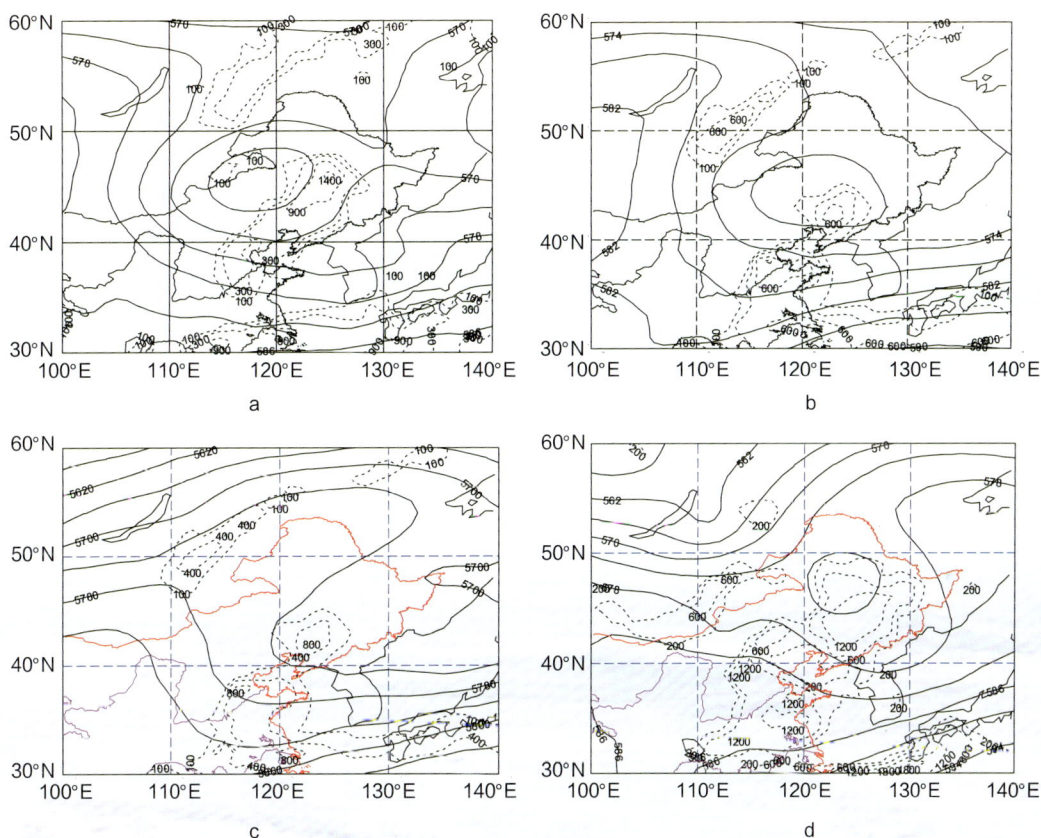

图 2-6-1　东北冷涡过程 CAPE 演变（a：发展期；b：成熟期；c，d：减弱期，实线为高度场；虚线为 CAPE）

2005 年 7 月 9 日 20 时，对流层低层两个气旋式环流合并，冷涡从下到上对应基本垂直的涡旋，此时冷涡进入成熟期。CAPE 区位于冷涡中心附近东侧到南侧区域，对应 925 hPa 辐合线前偏南气流，CAPE 中心也对应辐合中心。10 日 08 时 CAPE 区与冷涡系统的分布关系依然维持（图 2-6-1b），边界层倾斜的冷空气垫消失，转为暖脊控制，边界层气旋环流顶部为冷中心。10 日 14 时受日变化的影响，CAPE 增强，中心达 1000 J/kg，可以看出较发展期 CAPE 明显减小，这主要是受对流层低层比湿减小的影响。所以在成熟期对流不稳定能量的分布更接近冷涡中心，位于其东侧到南侧区域，依然对应 925 hPa 辐合线前偏南气流区。

　　2005 年 7 月 10 日 20 时，500 hPa 冷涡位置变化不大，但较前期已经开始减弱，对流层低层涡旋已减弱为倒槽辐合线，CAPE 区位于冷涡中心东部到南部的低槽中，对应 925 hPa 为辐合线附近及其东部的偏南气流中。11 日 08 时，500 hPa 冷涡中心消失，减弱为低压带，温度场也减弱为冷槽，但其南部有槽发展，CAPE 区对应 2 个区域，1 个位于低压带中，明显偏弱；1 个位于南部槽区，强度偏强，中心达 1800 J/kg，此时对流层低层辐合线迅速减弱东移，CAPE 区对应 925 hPa 为偏北气流，以后基本维持这种趋势（图 2-6-1），但由于高层系统环流的减弱，对流层低层辐合线的强度和位置变化较大，CAPE 区基本对应 925 hPa 辐合线附近。13 日 08 时，随着阻塞高压的减弱东移，冷涡由阻塞高压的东部转换到西部，此时冷涡高度中心与温度中心基本重合，CAPE 区位于冷涡中心附近，对应对流层低层为暖式切变线，CAPE 区以切变轴为中心，覆盖其南部的西南气流区和北部的东南到偏南气流区。13 日 20 时，冷涡减弱西北移，但 CAPE 并没有减弱，位于冷涡中心南部到东南部较大范围区（图 2-6-1），对应 925 hPa 依然是偏南气流区。14 日 02 时，冷涡迅速减弱为低槽并沿阻塞高压脊北上，CAPE 区也随槽东北上。14 日 08 时冷涡涡度带与高纬的冷涡合并，东北地区受西风带控制，冷涡过程结束。

　　在深冷型冷涡发展期，CAPE 区位于 500 hPa 冷涡中心东南部；成熟期也位于 500 hPa 冷涡中心东南部，但更接近冷涡中心；减弱期位于低压带中。对应 925 hPa，CAPE 区一般位于辐合线及其前部偏南气流中。

　　图 2-6-2 为冷涡过程冷涡影响区最大对流有效位能（在 500 hPa 冷涡闭合环流区取 CAPE 最大值）的演变，可以看出发展期 CAPE 最强，成熟期 CAPE 最小；发展期 CAPE 主要受天气环流的影响，没有明显日变化，CAPE 最大出现在发展阶段对流爆发前夕，随着系统性降水的结束，CAPE 迅速减小；从冷涡成熟期到转换期，CAPE 有明显的日变化，受太阳短波辐射影响很大，最小都出现在 02 时，最大出现在 14—20 时，这也与对流降水有较好的对应关系；从冷涡成熟期到减弱期、转换期 CAPE 日平均值逐渐增大，这与对流层低层的增温增湿有关，但经过对比，其对应的降水强度没有明显的增大趋势。

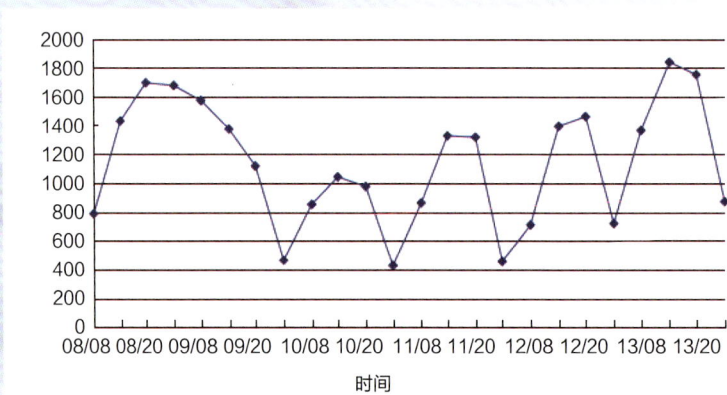

图 2-6-2　冷涡过程最大 CAPE 演变

6.2　冷暖波动型冷涡

　　发展阶段 2002 年 7 月 11 日 08 时（图 2-6-3），较强的不稳定能量分布在 500 hPa 冷涡环流四周，冷涡中心附近不稳定能量很小，最大不稳定能量分布在冷涡中心东南部。进一步分析可知，对流不稳定能量的这种配置与对流层低层的相对湿度的分布基本一致。在 850 hPa，低压环流基本对应暖脊，闭合低压后半部为干区，前半部为湿区，低压外围除南部一小部分外都对应湿区，最大相对湿度位于低压东南部西南气流中，这样 850 hPa 的干区和最大湿度区分布对应对流不稳定能量的小值和大值区。另外，在冷涡环流东南部纬向锋区中有一斜压系统发展，也对应弱的对流不稳定能量。成熟阶段 2002 年 7 月 12 日 08 时（图 2-6-4），较强的对流不稳定能量分布在 500 hPa 冷涡环流前部、顶部及后部，中心到南部对流不稳定能量很弱，与发展阶段类似，最大的区别在于强不稳定区位于冷涡南部纬向锋区的浅槽中，从冷涡前部向南延伸穿过锋区，与对流层低层 θ_e 脊和锋区相匹配，强对流主要发生在这个区域。

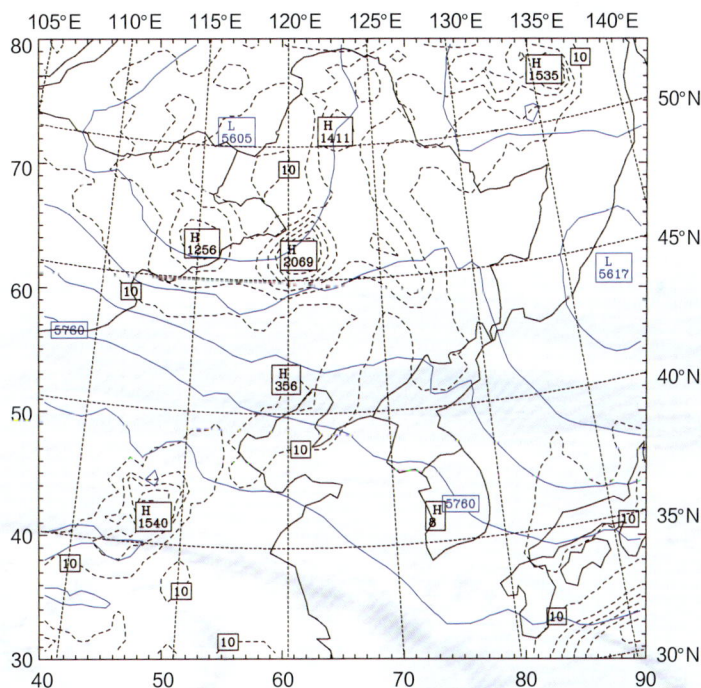

图 2-6-3　2002 年 7 月 11 日 08 时对流有效位能（CAPE）分布（实线为 500 hPa 高度，虚线为 CAPE）

　　减弱阶段 2002 年 7 月 15 日 08 时（图 2-6-5），冷涡区已经没有强的对流不稳定能量分布，只是在冷涡环流南部发展的高空槽区对应弱的对流不稳定能量。虽然冷涡区在 850 hPa 还对应大片湿区，但由于 850 hPa 冷涡区域由冷空气所控制，不能形成不稳定层结，所以冷涡环流条件下，对流层低层的湿度和温度都是形成不稳定层结的关键因素。

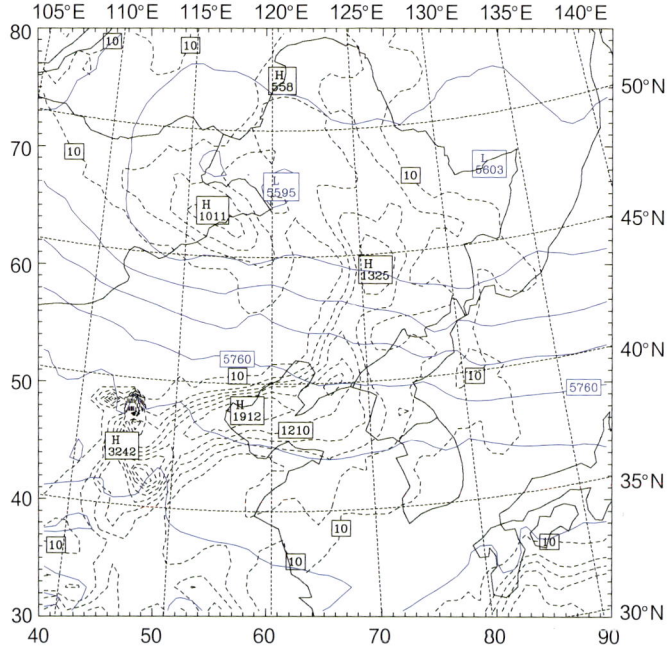

图 2-6-4　2002 年 7 月 12 日 08 时流有效位能（CAPE）分布（实线为 500 hPa 高度，虚线为 CAPE）

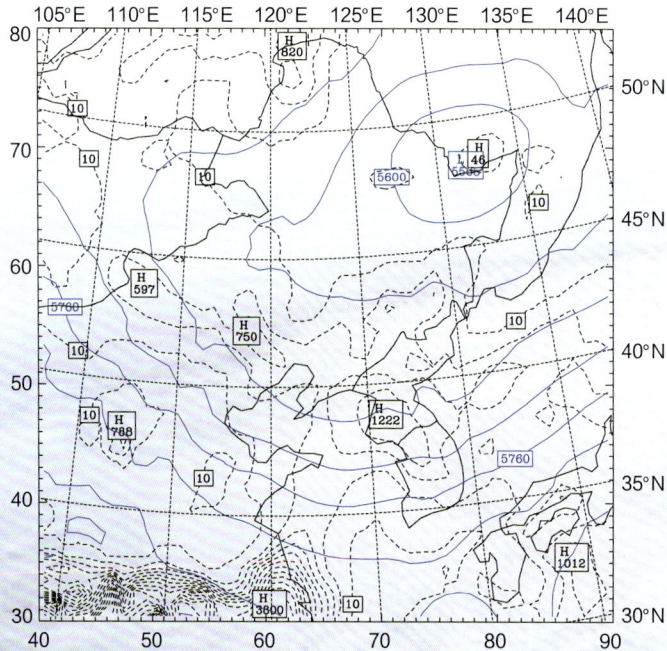

图 2-6-5　2002 年 7 月 15 日 08 时流有效位能（CAPE）分布（实线为 500 hPa 高度，虚线为 CAPE）

从前面分析可以看出，不同型冷涡及不同型冷涡的不同发展阶段 CAPE 都有不同的分布，特别是深冷型冷涡发展阶段冷涡东南部及冷暖波动型冷涡南部锋区短波槽内对应强的对流有效位能，爆发了强对流天气，但由于冷涡环流在中高层一般提供了冷空气条件，这些差异主要是由对流层低层的温湿分布引起的。

7 涡度

东北冷涡是冷性涡旋系统，天气尺度旋转特征非常明显，为了解其旋转特性及相应的动力影响，需要对其涡度三维分布进行分析。

7.1　深冷型冷涡

发展阶段 2005 年 7 月 9 日 08 时（图 2-7-1），在通过 500 hPa 冷涡中心的西北—东南向剖面上，强的涡度中心配合冷中心位于 250 hPa 附近，中心强度 $21.14 \times 10^{-5}/s$，强正涡度带向下延伸到 600 hPa，在对流层低层，对应两个由负涡度带分开的正涡度中心，西北方的涡度带与高层涡度带相连，为冷型低涡，无明显降水；东南方的涡度带位于高层冷涡南部西风槽前，对应锋区的暖空气一侧，强度更强，涡度中心在边界层，主要是由斜压不稳定发展形成的，对应较强降水。所以发展阶段对流层中上层为深厚冷型低涡，低层为锋面结构明显的温带气旋。

成熟阶段 2005 年 7 月 10 日 08 时（图 2-7-2），在通过 500 hPa 冷涡中心的东西向剖面上，虽然对流层低层的低压中心偏前于中层中心，但涡度带从上到下基本垂直，且高层正涡度中心减弱消失，低层合并为 1 个较强的正涡度中心，强度为 $10.36 \times 10^{-5}/s$，在东西方向无明显锋区，所以成熟阶段在对流层涡度从上到下垂直分布，斜压性较弱。减弱阶段，冷涡表现为东北—西南向的低压带，涡度明显减弱，其间涡度的分布不均匀。

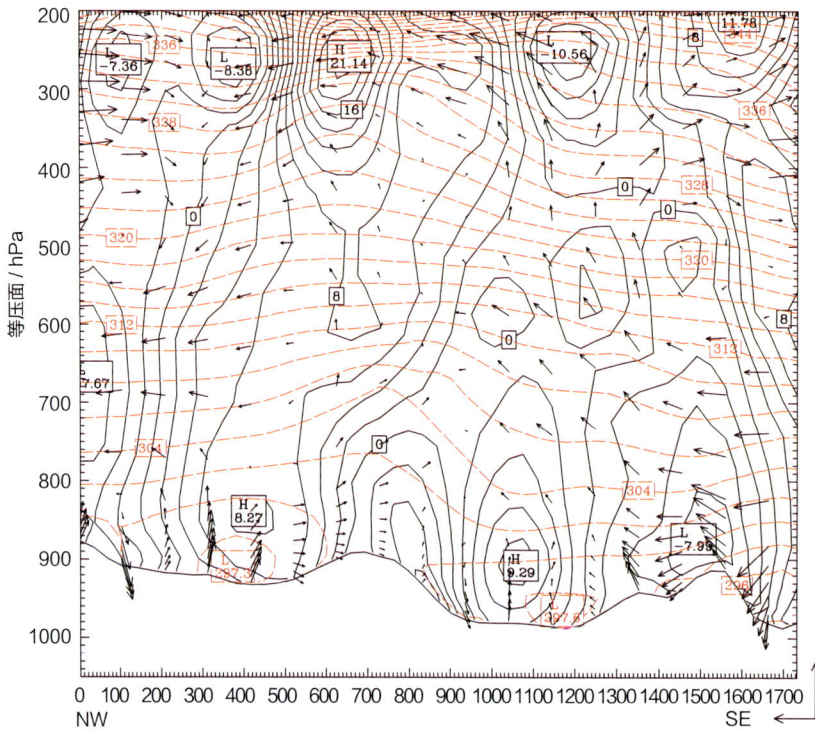

图 2-7-1　2005 年 7 月 9 日 08 时西北—东南向剖面（虚线为温度，实线为涡度）

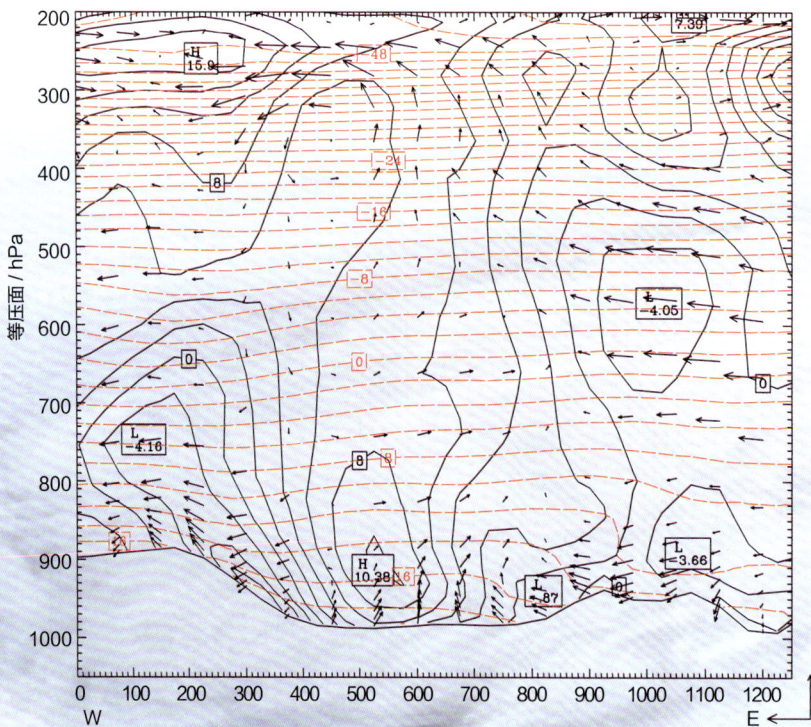

图 2-7-2　2005 年 7 月 10 日 08 时东西向剖面（虚线为温度，实线为涡度）

7.2　冷暖波动型冷涡

发展阶段 2002 年 7 月 11 日 08 时（图 2-7-3），在通过 500 hPa 冷涡中心的西北—东南向剖面上，强的涡度中心与经向型类似，位于 250 hPa 附近，中心强度 12.02×10^{-5}/s，强正涡度带向下延伸到 800 hPa。在对流层低层，强涡度位于高层涡度带的东南方，中心强度达到 9.89×10^{-5}/s，实际对应 850 hPa 冷涡中心南部的低槽，温度场为锋区暖区一侧。在对流层中下层，在冷涡中心涡度带东南侧还存在一较强涡度带，对应涡中心东南部低槽。所以纬向型在发展阶段也表现为对流层低层锋区斜压发展的低值系统，但涡度带的分布表现为 2 个区域，1 个在涡中心附近，1 个在涡中心东南部的高空槽内，而高空槽对应的系统由于斜压性强，带来系统性的强降水。

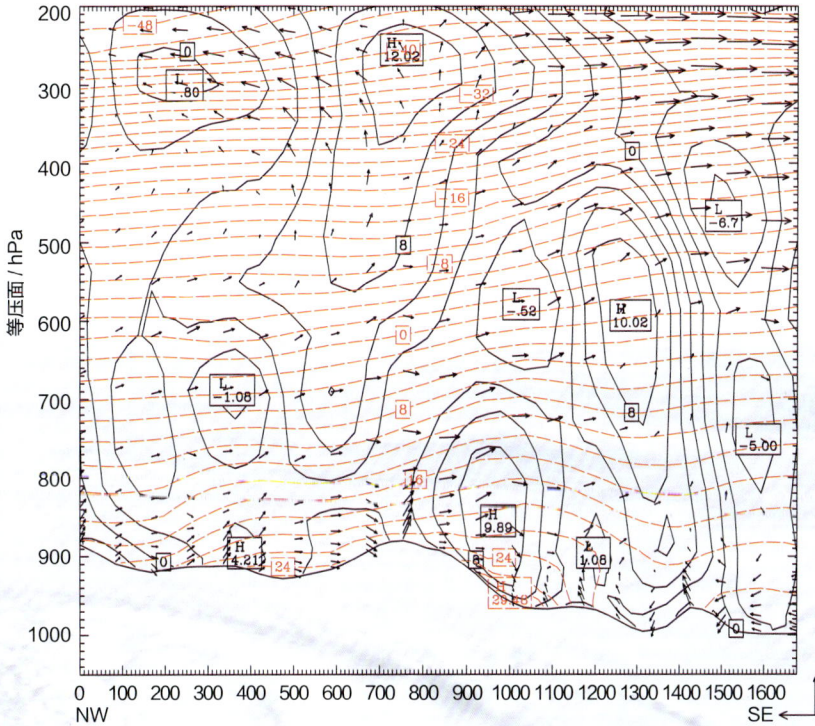

图 2-7-3　2002 年 7 月 11 日 08 时西北—东南向剖面（虚线为温度，实线为涡度）

成熟阶段 2002 年 7 月 12 日 08 时（图 2-7-4），对流层高层的冷涡环流中心偏南于对流层中低层，分别对应 1 个涡度中心，其中高层涡度中心位于 300 hPa 附近，强度 22×10^{-5}/s，正涡度带向下延伸到 600 hPa，主要是由副热带急流形成的风速切变形成的；低层涡度中心位于 850 hPa 附近，正涡度带从 400 hPa 一直延伸到地面附近，主要是由冷涡气旋性环流形成的。另外可以看出从上到下温度锋区位于涡度带南侧的西风急流中，随着高度向南倾斜，说明高层冷空气向南移动快于低层，在涡南部容易形成对流不稳定层结。涡南部较强的锋区，还容易诱发斜压不稳定，有利于短波槽的发展，辽宁连续 5 d 出现强对流天气，并有 MCC 形成，就是在冷涡南部的锋区中产生的。同经向型，减弱阶段，冷涡表现为东北西南向的低压带，涡度明显减弱，其间涡度的分布不均匀。

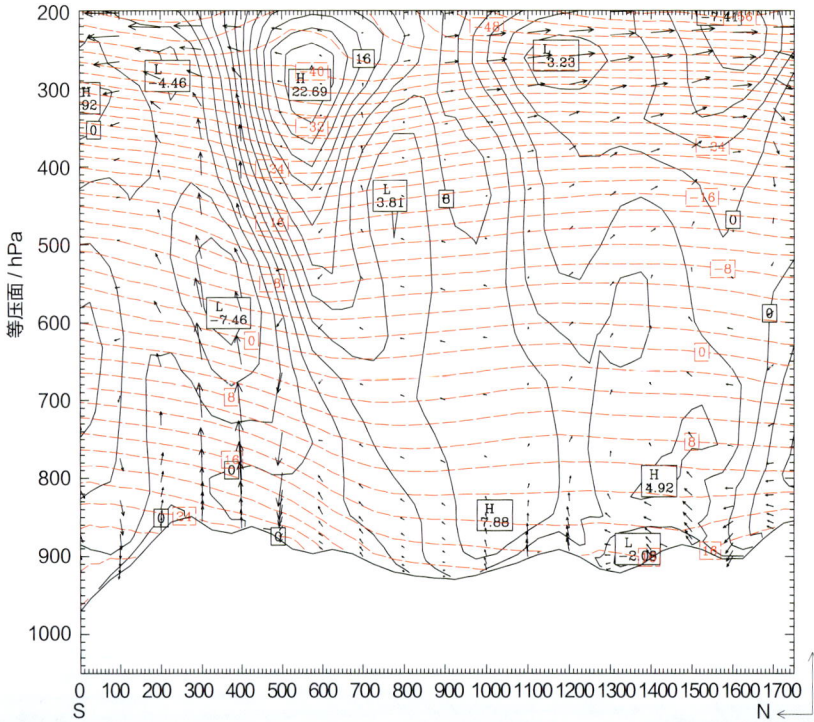

图 2-7-4 2002 年 7 月 12 日 08 时南北向剖面（虚线为温度，实线为涡度）

从上面 3 个型涡度的垂直分布可以看出，在发展阶段都有类似的分布，即对流层中上层深厚冷型低涡纬度带和低层温带气旋涡度带，成熟阶段深冷型表现为垂直一致的涡度带，而冷暖波动型随着高度向南倾斜，这是由于冷暖波动型冷涡南部锋区较强引起的。

8 冷涡气流分布特征及降水落区

通过前面的分析可知，深冷型冷涡的发展阶段接近温带气旋结构，主要由 3 股气流组成，暖输送带从东南流入气旋，冷输送带在低空从东北进入气旋，干气流生成于该气旋上游的对流层上部高空槽西边，并且下沉到对流层中部和下部，形成明显干线。发展阶段降水主要由其南部西风锋区湿斜压不稳定产生，属于大范围混合型降水，具体影响系统为对流层低层的气旋，降水发生在气旋内干线前方。

深冷型冷涡成熟期由于涡前部及外围偏南上升气流中向北、向西输送，所以从地面到400 hPa在涡北部均为明显的湿度较大区，冷涡中心附近为一范围较小的干区。西南暖湿气流被中高层西北干空气阻隔，弱而浅薄，主要集中在边界层，由于动力抬升作用较弱，主要向北输送到涡顶部，与另一支偏东冷性气流辐合，在涡顶部形成湿区，这股气流一部分继续上升，将水汽带到高空，大部分向西，然后并入涡后偏北气流（图2-8-1），所以在对流层低层相对湿度较大区范围较大，而到中层较小。对流层中层在冷涡外围的干气流很强，从涡北部到后部一直到前部，在对流层低层只在涡外围的西南部对应较弱的干暖区。从上面的分析可以看出，对于成熟期深冷型冷涡气象要素（温度、湿度等）梯度减弱，斜压性弱，受太阳辐射影响较大，以局地对流性降水为主。在冷涡东南部的西南气流里，由于有弱的暖湿爬升，对应潜在不稳定层结，常常带来较强的对流性降水。涡北部由于层结稳定，对应稳定的层云，会随着东北气流进入涡后部，有时会有弱的阵雨，随着冷涡的减弱逐渐减弱（图2-8-2）。

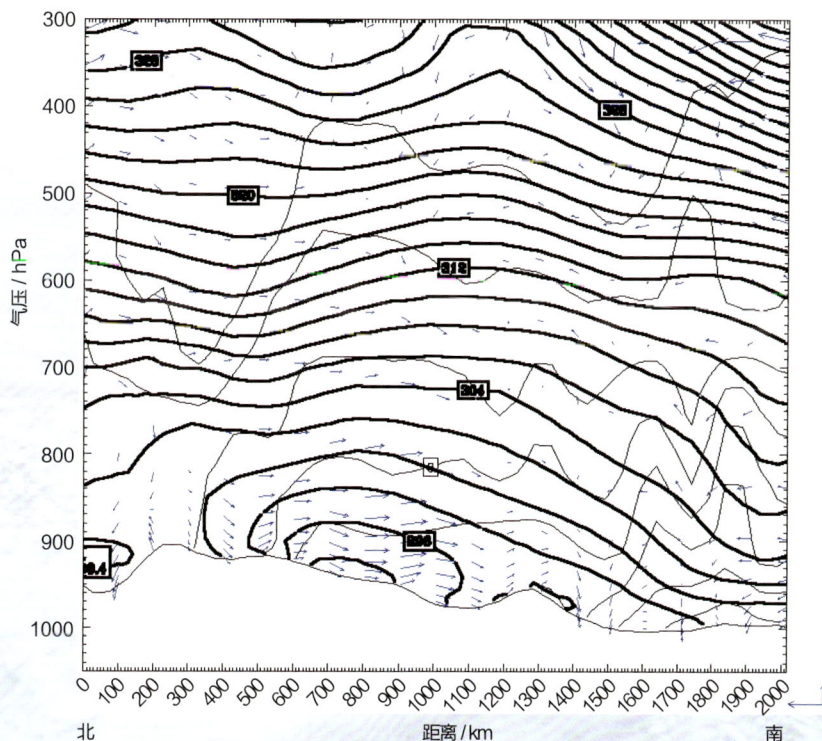

图2-8-1　2005年7月10日08时冷涡天气尺度南北向环流剖面（粗线为位温，细线为比湿）

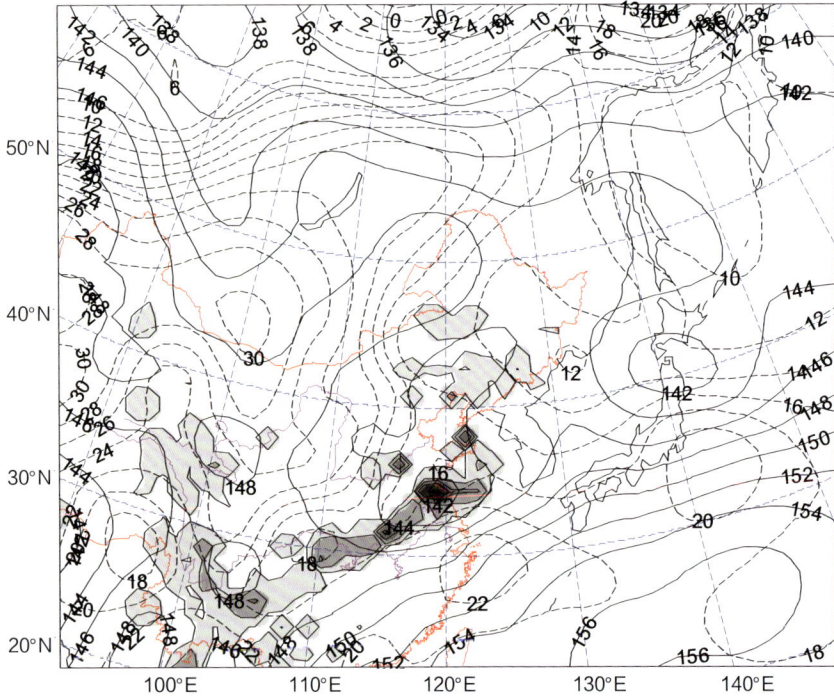

图 2-8-2　2005 年 7 月 10 日 20 时 850 hPa 高度（实线）、气温（虚线）和 6 h 降水量（阴影）

对于冷暖波动型冷涡。图 2-8-3 为 2002 年 7 月 12 日 20 时强对流爆发时冷涡经向环流剖面图（左北右南），最显著的特征就是从南部暖区到冷涡区之间环绕锋区的非常明显的正环流。实线为相当位温线，虚线为比湿，可以看出冷涡区是随高度倾斜分布的干冷下沉区，高温高湿区位于冷涡南部对流层中下部，锋区南部低层暖湿气流在干冷气团上爬升，到对流层高层大部分随高空气流向南流出，一部分向北并入下沉气流中，下沉气流与上升气流构成一个垂直涡旋，涡旋中心在 400 hPa。另一个显著特征就是水平与垂直的 θ_e 锋区。在 700 hPa 以下冷暖气团之间有非常明显的 θ_e 锋区，800 hPa 以下主要是湿度锋区，以上主要是温度锋区，在低层有非常明显的干线，随高度向北倾斜，非常有利于暖湿气流的爬升，同时激发次级环流；垂直 θ_e 锋区位于 800 ~ 700 hPa，即对流不稳定最强的层结，其上部低能区的主要特征是 500 ~ 600 hPa 非常干，所以对流层中层是明显的干层。冷涡对应深厚的冷空气堆，基本呈圆形，即对流层中层范围大，高层和低层范围小，特别是 700 ~ 600 hPa 明显向南伸展，形成对流不稳定最强的层结。主要由 3 股气流组成，西南暖湿气流在低层 θ_e 锋区爬升顺转穿过中层温度锋区到对流层上部，主要随高空急流向东南流出；西北干冷空气从高层冷涡后部下沉至中层后，一部分与上升的暖湿气流合并，一部分顺转继续向下至低层成东北气流流出；第 3 股为涡顶部的偏东气流从涡中心附近上升并呈波状向西，一部分并入阻塞高压，一部分流入涡后西北干冷气流。对流天气发生在对流层低层相当位温脊区和锋区对应的冷涡切变线附近。对于冷暖波动型冷涡由于冷空气较为浅薄，主要位于对流层中层，对流层低层暖湿更为活跃，构成了较为持久的对流不稳定层结条件，与相当位温脊及锋区对应的对流层低层切变线触发了一次次对流性降水天气，这种降水天气同样有明显的日变化，受太阳辐射影响很大。

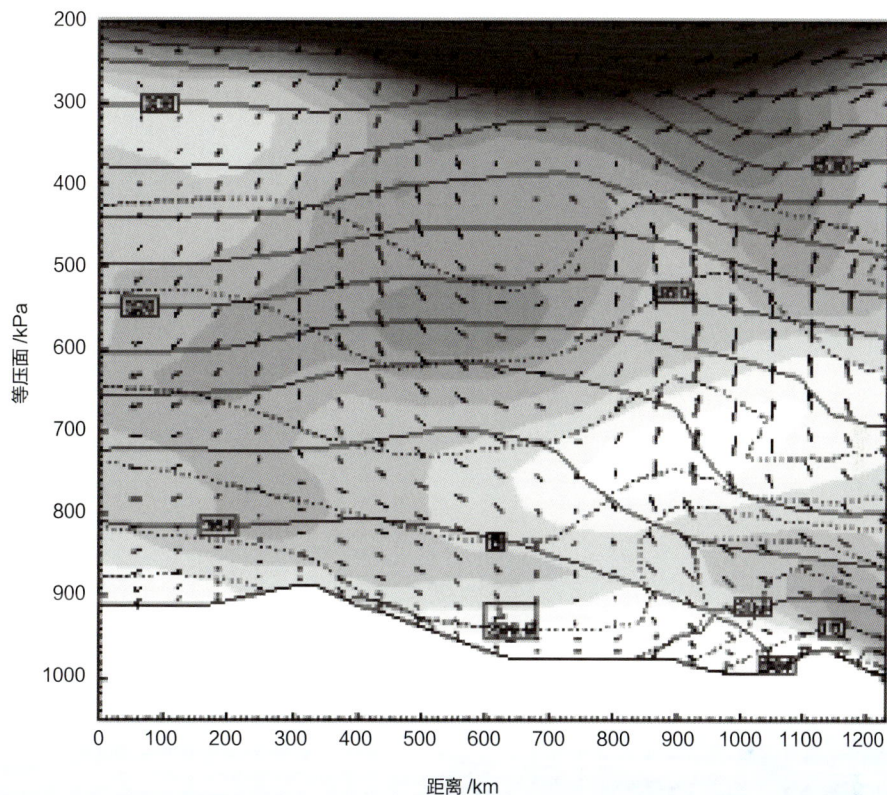

图 2-8-3　2002 年 7 月 12 日 20 时冷涡天气尺度南北向环流剖面（实线为位温，虚线为比湿，阴影为静力稳定度）

9 成熟期东北冷涡与典型温带气旋的差别

9.1　锋区位置

温带气旋一般有明显的始于气旋中心的冷暖锋面，而成熟期冷涡低压区内没有锋面，完全受冷气团控制，但在对流层中低层，冷涡外围的南部到东部可能对应锋区。

9.2　温度场垂直分布

温带气旋温度场一般随高度向后倾斜，并且斜压性强，冷锋前暖区常形成对流不稳定层结；而冷涡在对流层中层附近冷空气最强，范围较大，所以中低层温度场随高度向东或向南倾斜，在中低层锋区附近可能形成强的对流不稳定最强的层结，涡区斜压性很弱，但其外围南到东侧锋区常激发斜压扰动，产生动力抬升作用。

9.3　垂直环流

垂直环流主要呈南北向分布，即从南部暖区到冷涡区之间环绕锋区的非常明显的正环流，暖输送带主要随高空急流向东南流出。而温度气旋暖输送带从东南流入气旋，在东北方向从高空槽流出。

9.4　天气区分布

受天气尺度高空槽影响，温带气旋对应大范围的冷暖气流辐合和降水区，而成熟期冷涡一般对应弱的阵性降水，且有明显的日变化。其南部锋区的暖湿气流受中层下沉干冷气流的影响难以形成大范围、长时间的上升气流，当中层锋区出现斜压波动产生上升运动，容易出现强对流天气。

10　小结

通过对深冷型冷涡、冷暖波动型冷涡在天气实况、对流层高、中、低层环流、不稳定能量、涡度、气流结构的对比分析，成熟期冷涡内部几乎完全由冷空气控制，斜压性很弱，主要受太阳辐射影响，形成弱而分散的对流降水；而发展期冷涡，或成熟期冷涡外围锋区，由于斜压性强，常在对流层低层配合明显的温度波动和切变线，暖湿气流较强，触发强对流天气，太阳辐射日变化对尺度较小的对流影响更大。

第三篇

东北冷涡降水物理诊断分析

1 东北冷涡个例选取

1.1 东北冷涡个例选取

东北冷涡是我国东北地区特有的天气系统，是造成东北地区低温冷害、持续阴雨洪涝、突发性强对流天气的重要天气系统，对东北地区的天气气候有重要影响。东北冷涡是指在 500 hPa 天气图上 115°～145°E，35°～60°N 范围内有闭合等高线，配合有冷中心或冷槽，能够持续 3 d 或 3 d 以上的低压环流系统。

按照上述定义，利用 500 hPa 高度场和温度场资料，对 1999—2005 年 6—8 月和 2006—2011 年 1—12 月的东北冷涡个例进行普查，第一段时间内共有 14 个东北冷涡出现，其中 5 个东北冷涡环流中心对辽宁有影响。第二个时间段内，6 a 共有 65 个东北冷涡影响东北地区，影响天数累计为 285 d，其中 2009 年和 2010 年东北冷涡出现频率较高，均达到 15 个之多，并且持续时间相对较长，2009 年有 76 d 之多。虽然东北冷涡的出现会给整个东北地区天气带来不同程度的影响，但从环流中心位置来看，冷涡中心一般多位于东北地区西北部和北部，主要在内蒙古和黑龙江地区，能够占到总数的 90% 左右，在两个时段内共得到 11 个环流中心影响辽宁的冷涡个例，个例时间说明见表 3-1-1。

表 3-1-1　冷涡中心位于辽宁个例时间

序号	时间	持续时间 /d
1	2002 年 6 月 10 日 20 时至 15 日 20 时	6
2	2003 年 6 月 7 日 08 时至 14 日 20 时	8
3	2003 年 6 月 23 日 08 时至 25 日 20 时	3
4	2005 年 5 月 30 日 08 时至 03 日 20 时	5
5	2005 年 7 月 08 日 08 时至 12 日 20 时	5
6	2006 年 4 月 18 日至 4 月 26 日	8
7	2006 年 6 月 07 日 08 时至 11 日 08 时	4
8	2010 年 4 月 26 日 08 时至 29 日 20 时	4

续表

序号	时间	持续时间 /d
9	2010 年 5 月 09 日 08 时至 11 日 20 时	3
10	2010 年 12 月 26 日 20 时至 31 日 20 时	5
11	2011 年 4 月 17 日 08 时至 19 日 20 时	3

利用辽宁省内 61 个观测站 1 h 自动站降水观测资料，对冷涡环流位于辽宁时段的 1 h 降水进行分析发现，不是每个过程辽宁地区都有明显降水，主要是在夏季出现的东北冷涡伴有短时强降水，其他季节降雨不大，并且强降水局地性表现很强，持续时间一般不会超过 3 h。

1.2　东北冷涡环流分型

由东北冷涡定义可知，在对流层中层（500 hPa）东北冷涡一定有明显的冷空气相配合，根据陈力强的研究，从对流层低层东北冷涡环流内的温度场和高度场配置来看，这些个例可以分为两类，一类与对流层中层一样，也是在冷涡环流内有明显的冷槽或冷中心配合，且几乎呈垂直分布，另一类则不同，在冷涡环流内有时会有暖脊或暖中心出现，这时冷涡环流内的温度场在对流层低层表现为冷暖波动。因此，从冷空气深度不同将冷涡划分为两类，分别为深冷型冷涡和冷暖波动型冷涡。深冷型冷涡表现为从对流层中层到低层冷涡环流内均有明显的冷槽或冷中心配合，且几乎呈垂直分布，冷涡内的冷空气团较为深厚。图 3-1-1 为 2006 年 6 月 8 日 20 时 500 hPa 和 850 hPa 高度场、温度场及风场，从图 3-1-1 中可见无论是 500 hPa 还是 850 hPa，冷涡环流在对流层中低层都对应着温度场的冷中心，冷空气相对深厚；冷暖波动型冷涡表现为冷涡环流内的气温场在对流层低层呈现冷暖波动，冷涡在对流层中低层温度场配置不同，冷涡内的冷空气层相对比较浅薄。从图 3-1-2 的 500 hPa 环流场可见，2002 年 7 月 11 日 20 时东北冷涡区对应冷温度舌，而 850 hPa 高度场、温度场及风场上可见，在环流东部出现一个暖脊，冷涡环流内温度波动明显。利用 NCEP 再分析资料，分析了 11 个东北冷涡结构，选择的 11 个个例均为深冷型冷涡。可见，环流中心能够到达和影响辽宁的东北冷涡主要是深冷型冷涡。冷涡是东北地区主要的降水天气系统，因此选择具有明显降水的典型代表个例进行数值模拟，来分析影响冷涡环流内部降水的影响因子。

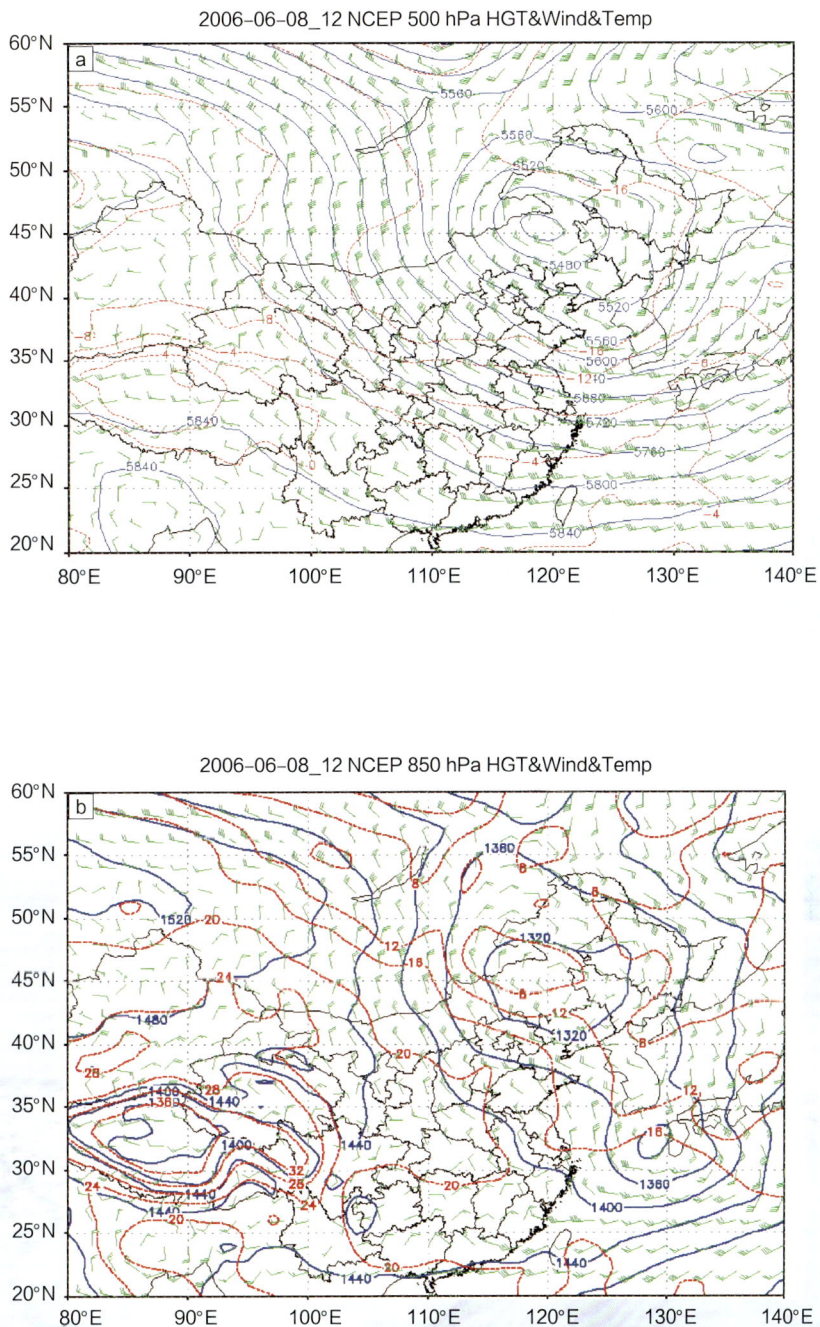

图 3-1-1 2006 年 6 月 8 日 20 时的 500 hPa（a）、850 hPa（b）高度
（实线，单位：gpm）、温度（虚线，单位℃）和风矢

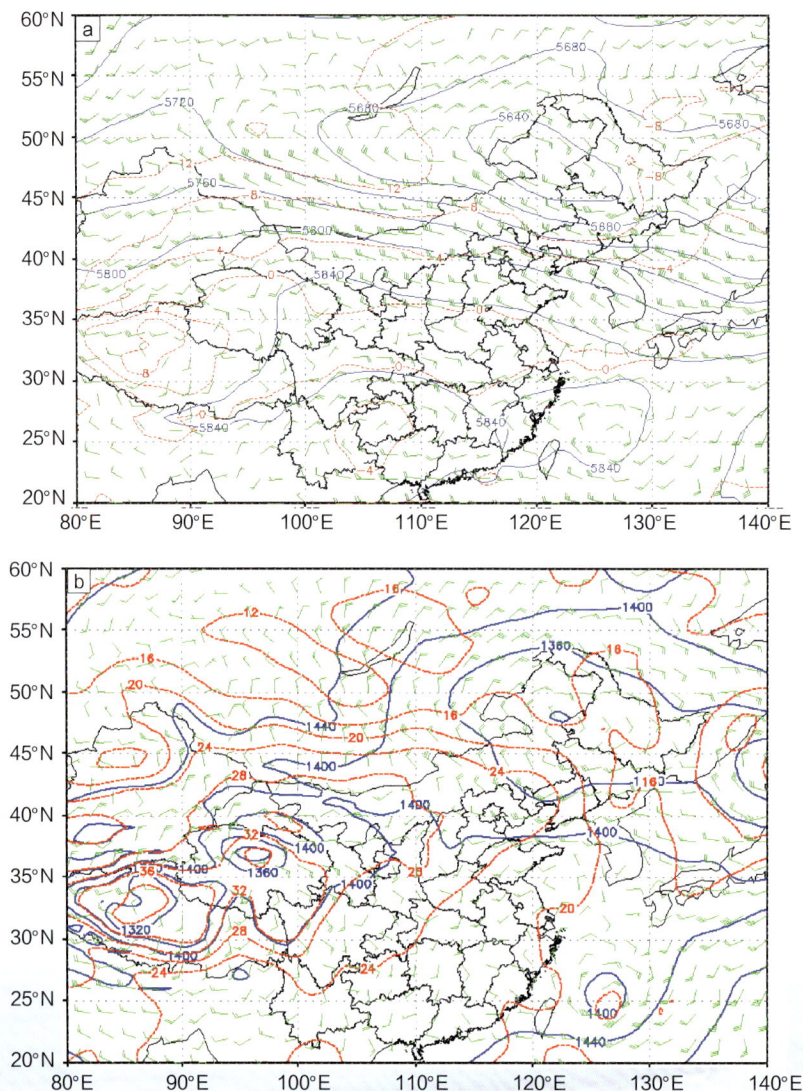

图 3-1-2　2002 年 4 月 19 日 00 时的 500 hPa (a)、850 hPa (b) 高度（实线，单位：gpm）、温度（虚线，单位℃）和风矢

2 中尺度模式试验方案设计

研究采用 NCAR、NCEP 等多个部门共同研发的 WRF 模式（V3.1）进行模拟，具体模拟方案设计如下：初始场和侧边界条件采用 NCEP 提供的再分析格点资料，资料的水平分辨率为 1°×1°，时间间隔为 6 h。模式采用三重嵌套网格，模拟区域如图 3-2-1 所

示，第一重网格中心在 116°E、42°N，分辨率为 27 km，格点数为 223×199，范围覆盖东亚地区，第二重网格分辨率为 9 km，格点数为 241×265，范围覆盖东北地区，第三重网格分辨率为 3 km，格点数为 205×205，范围覆盖辽宁地区；模式垂直方向层数为 37 层，模式层顶气压为 50 hPa。模式的参数化方案包括 WSM 6-class graupel scheme 微物理方案，RRTM 长波辐射方案，Dudhia 短波辐射方案，近地面层 Monin-Obukhov 方案，Noah 陆面过程方案，YSU 边界层方案，Kain-Fritsch（new Eta）积云对流方案。模式结果 1 h 输出一次。同时积分过程中利用了 3D VAR 同化系统，3 h 循环同化一次，24 h 冷启动一次。3DVAR 同化系统同化了常规地面、常规探空、卫星等资料。

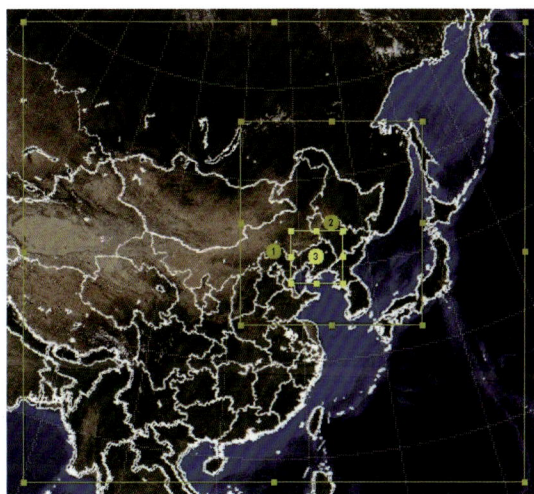

图 3-2-1　模式运行区域

3 东北冷涡环流内部降水环流和物理诊断分析

3.1　2005 年 7 月 8—12 日个例

3.1.1　对流层环流特征

2005 年 7 月 8—12 日，一次典型的深冷型东北冷涡过程影响东北，根据 500 hPa 冷涡环流的移动特征和强度变化，将本次过程划分为 3 个阶段：发展期、成熟期、减弱期（图 3-3-1）。2005 年 7 月 8 日 08 时贝加尔湖西部阻塞高压发展，其东部的切断低压发展形成经向分布的冷涡，冷槽落后于高度中心，在冷涡环流的前部有暖脊，冷涡南部为西风锋区，

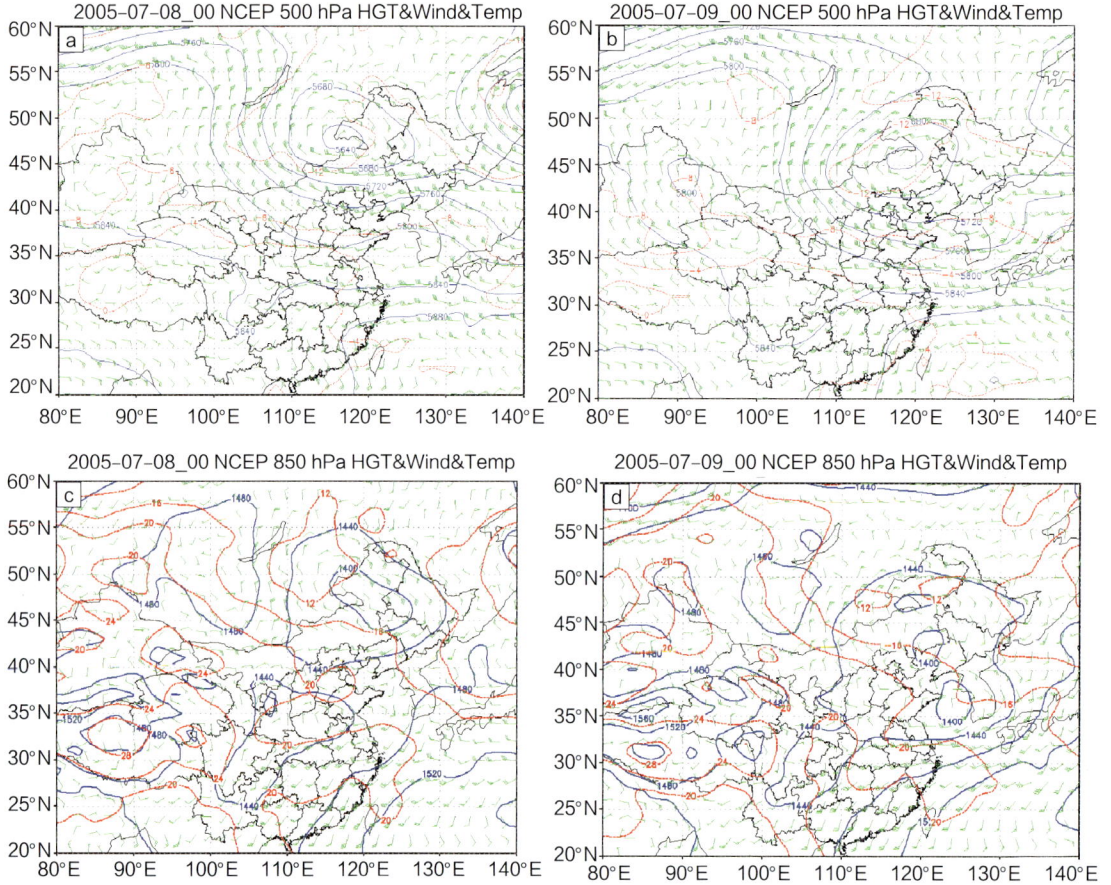

图3-3-1　2005年7月8日08时500 hPa(a)、850 hPa(c)和9日08时500 hPa(b)、850 hPa(d)
　　　　高度（实线，单位：gpm）、温度（虚线，单位℃）和风矢

冷涡西南部受阻塞高压前部下滑冷空气的影响，锋区最强，且有正涡度平流向东输送，受其影响在对流层低层有气旋环流发展，环流中心较500 hPa位置偏东，冷中心同样落后于高度环流中心，并且在气旋北部有个东西向的暖式切变存在，至8日20时一直维持，对应区域有中等强度降水产生。9日08时，500 hPa东北冷涡中心东南移，环流中心在内蒙古东部地区，冷中心逐渐与高度中心重合。在850 hPa对应两个气旋性环流中心，原来与500 hPa环流中心相对应的气旋环流逐渐减弱为较弱的次中心，至9日20时消失，并且位于环流北部的切变消失，另外，在辽宁和内蒙古交界处新生成一个较强的气旋环流，为在西风锋区上东移发展形成的主中心，且气旋环流对应较强的湿度锋，在辽宁及内蒙古东部产生较强的降水。所以冷涡发展期环流内部无明显降水，降水分布在冷涡环流中心的南部及东部，属于大范围的混合型降水，主要影响系统是对流层低层冷涡东部的暖式切变和其南部西风锋区上的气旋。随着西风锋区上气旋沿冷涡东南部环流向东北移动减弱，并与东南移动的冷涡中心环流合并，冷涡进入成熟期。成熟期500 hPa冷涡位置少动，环流中心

在东北中部地区。10 日 08 时，500 hPa 冷涡中心位于内蒙古、吉林和辽宁交界处，温度中心和高度中心基本重合，850 hPa 在高层冷涡中心附近对应一个气旋式环流，而该环流锋面结构已经不明显，对应冷气团，湿度锋消失，降水以分散型对流降水为主，且多位于冷涡的东部到南部区域。11 日 08 时，500 hPa 环流中心开始减弱但位置少动，20 时冷涡中心快速东移至东北地区东部，且环流结构越来越弱，至 12 日 08 时环流减弱为横槽，冷涡进入减弱期，减弱期 500 hPa 冷涡始终对应冷区，对流层低层气旋性环流减弱为辐合线，冷涡从对流层中层到低层均为冷区，低层辐合减弱，仅对应局部的阵性降水。12 日后冷涡逐渐减弱消失，此次冷涡过程结束。从冷涡不同时期降水分布及冷涡位置来看，发展期后期及成熟期降水属于冷涡环流内部降水，因此，结合辽宁 1 h 降水观测资料，重点分析 9—11 日冷涡环流内部降水特征和影响因子。

另外，分析对流层高层 200 hPa 环流发现，在对流层高层与 500 hPa 冷涡对应处同样为低压，低压中心温度场表现为暖中心，冷涡在对流层表现出上暖下冷的结构特征。低压南部存在一条风速大于 40 m/s 的西风急流带，随着冷涡发展变化而运动，但一直维持在冷涡南部，整个冷涡始终位于高空急流出口区的左侧，由于高空急流的动力作用，此处易形成上升运动。

3.1.2　边界层环流特征

边界层天气系统和气流直接影响对流天气的发生、发展，因此分析冷涡边界层特征对了解冷涡环流内部降水具有重要作用。这里以 925 hPa 为代表分析边界层特征，数据为 WRF 模式的模拟结果。

发展阶段后期 2005 年 7 月 9 日 08 时，边界层为气旋性环流（图 3-3-2），并与 850 hPa 环流类似，相应位置对应两个环流中心。整个气旋环流顶部为从东部延伸而来的湿冷舌，一直延伸到气旋西北部，气旋后部为明显的暖干气流，沿切变线有明显的干线，为较典型的温带气旋模型。未来 24 h 降水正好落在干线前部的湿区里。冷涡进入成熟阶段，9 日 20 时，气旋环流维持，气旋后部暖干气流减弱。7 月 10 日 08 时，气旋性环流依然维持，其顶部的湿冷舌维持但有所减弱，最大的变化是原来气旋后部的暖干气流消失，冷空气已经入侵到气旋环流内部，干线消失，气旋中心和南部为湿度最大区。从 9 日 08 时至 10 日 08 时的 24 h 降水实况与 925 hPa 相对湿度场配置来看，降水中心落区正好与该时段内湿度大值区相对应，如冷涡北部和东部的两个降水中心正好与 9 日 20 时的湿度中心位置一致，说明边界层内有利的水汽条件对冷涡环流内部降水落区有很好的指示意义。11 日 08 时，渤海湾地区新生成一个明显的气旋环流，原东北地区的气旋环流东移减弱并入渤海湾低压内，冷涡对应区域为湿冷区，以东北风为主。所以从边界层特征来看，随着冷涡发展边界层冷空气入侵范围逐渐扩大，原来切变线对应的干湿对比逐渐减小，冷涡环流降水一般发生在干线前的湿区内，并且降水中心多与相对湿度的大值中心对应。

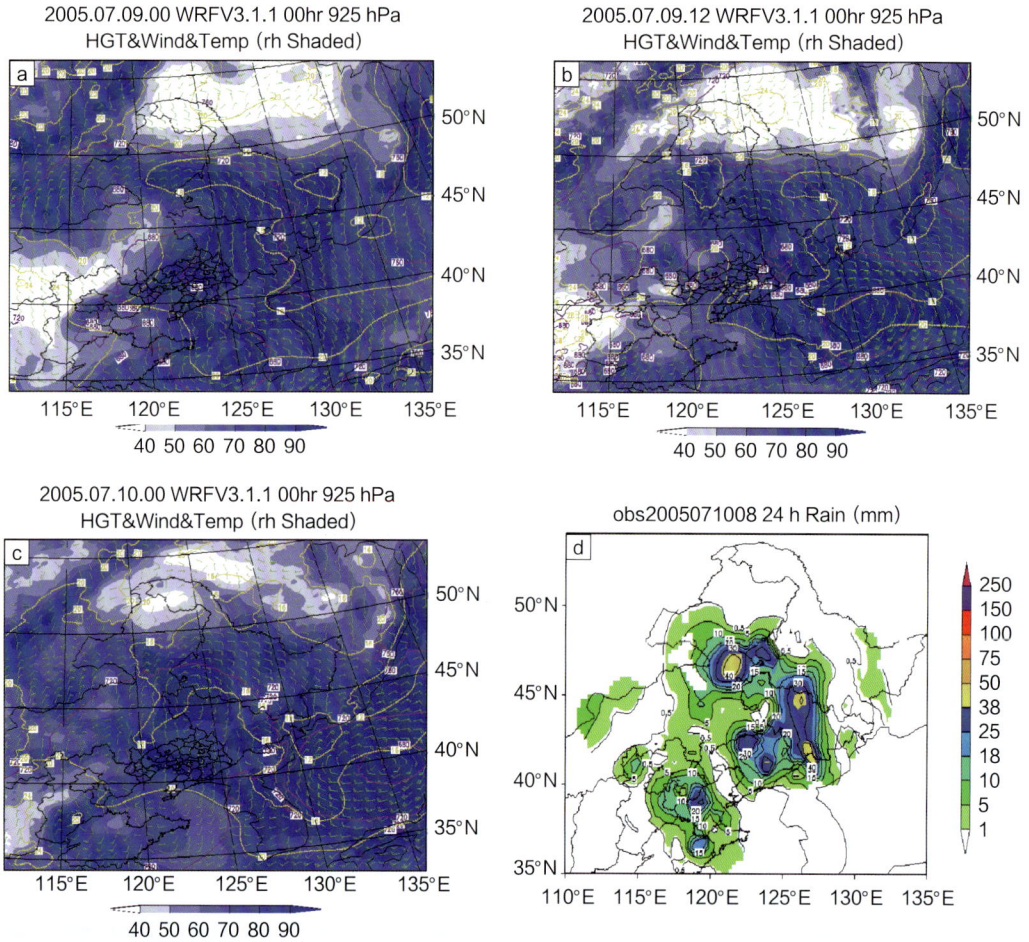

图 3-3-2 2005 年 7 月 9 日 08 时（a）、20 时（b）、10 日 08 时（c）925 hPa 高度（实线，单位：gpm）、温度（虚线，单位℃）、风矢和相对湿度（阴影区）及 7 月 9 日 08 时至 10 日 08 时的 24 h 降水实况（单位 mm）

3.1.3 对流有效位能（CAPE）分布与降水的关系

冷涡发展期后期的 9 日 08 时（图 3-3-3a），CAPE 区位于冷涡环流的东部到南部地区，中心超过 1600 J/kg，大值区主要位于冷涡环流东部和东南部，未来 24 h 的降水主要发生在该区域。在对流层低层，对应 925 hPa 冷锋前偏南气流区。另外，降水系统的边界层由西向东倾斜的冷空气垫形成近地面边界层稳定层结，它一方面可诱发上升气流，另一方面有利于边界层不稳定能量的积累。9 日 20 时，对流层低层两个气旋环流合并，冷涡从下到上对应基本垂直的涡旋，此时冷涡进入成熟期。CAPE 区范围有所减小，位置变化不大，随着冷涡中心东移，位于冷涡中心东部到南部地区，对应 925 hPa 辐合线附近的偏南气流，CAPE 中心也对应辐合中心，且与 9 日 08 时至 10 日 08 时（图 3-3-3b）位于辽宁西北部的一个降水中心位置恰好吻合。10 日 08 时冷涡略东移，CAPE 区较 20 时位置也略东移，主要位于冷涡的东到东南部，CAPE 中心位于冷涡环流东南部的辽宁地区，恰好与 10 日 08 时至 11 日 08 时雨区及降水中心分布基本吻合，对应边界层倾斜的冷空气垫消失，转为暖脊控制，边界层气旋环流顶部为冷中心。11 日 08 时，500 hPa 冷涡环流中心消失，减弱为低压带，其南部有槽发展，CAPE 区对应 3 个区域，北部有一个小的 CAPE 区，南部有两个，一个位于冷涡减弱的低压带内，中心位于辽宁北部，强度偏弱；另一个位于南部发展的槽区，强度偏强，中心超过 1600 J/kg，中心位于槽后，此时对流层低层辐合线迅速减弱东移，CAPE 区对应 925 hPa 为偏北气流。从 11 日 08 时至 12 日 08 时的 24 h 降水实况分布来看，降水区正好落在南部 CAPE 区，并且局地强降水正好与 CAPE 中心位置一致。

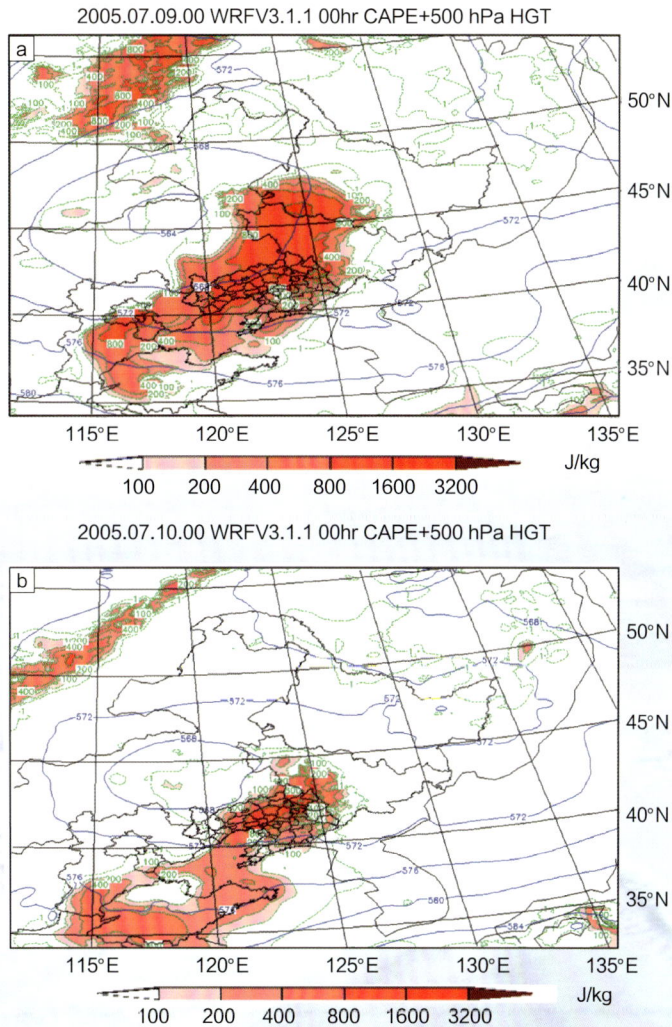

2005.07.09.00 WRFV3.1.1 00hr CAPE+500 hPa HGT

2005.07.10.00 WRFV3.1.1 00hr CAPE+500 hPa HGT

图 3-3-3　2005 年 7 月 9 日 08 时（a）、10 日 08 时（b）500 hPa 高度
（实线，单位：dgpm）和 CAPE（阴影区）

深冷型冷涡发展期和成熟期 CAPE 区都位于 500 hPa 冷涡环流东到东南部，但成熟期更靠近冷涡中心，减弱期位于低压带中。对流有效位能为对流性降水提供了能量，并且强对流有效位能更易触发强对流天气，冷涡环流内部降水落区多发生在 CAPE 区，并且强降水中心与 CAPE 中心吻合较好，因此，CAPE 区对预报冷涡环流内部降水落区和强降水中心位置有很好的指示意义。

3.1.4 水汽和湿度场分布与降水的关系

张小玲（2012）在研究对流天气预报中的环境场中指出，在 700 hPa 以下，显著湿区通常用表征大气饱和度的温度露点差场来分析，如在温度露点差低于 5 ℃的区域分析为湿区，差值越小湿度越大。因此，这里分析了 700 hPa、850 hPa 和 925 hPa 三层温度露点差场，并与冷涡环流内部降水实况进行对比，发现 925 hPa 的温度露点差与降水落区和大小有很好的对应关系。同样，分析所用资料为 WRF 模拟结果。

7 月 9 日 08 时冷涡进入发展阶段后期，在 925 hPa 的温度露点差、水汽通量和风场图上（图 3-3-4），冷涡北部对应一个减弱的气旋环流，冷涡东部地区在对流层低层也对应气旋性环流，环流北部和东部温度露点差低于 5 ℃，为显著湿区，气旋后部为明显的干区，温度露点差最大超过 20℃，环流南部的切变线对应干线，辽宁和朝鲜南部渤海湾低空有一个水汽通量大值中心，切变线前湿区内的偏南气流将水汽不断向北输送，从 9 日 08 时至 10 日 08 时的 24 h 降水实况来看，降水落区正好与湿区位置吻合，特别是在北部、吉林以及辽宁的四个温度露点差值不足 1 ℃的湿区中心，恰好也是降水大值中心。9 日 20 时冷涡进入成熟期，925 hPa 气旋环流合并为一个环流，水汽通量减弱，环流后部的干区逐渐减弱，湿区范围略有增大，环流东南部的湿区强度有所减弱，温度露点差小于 1 ℃的湿区大值中心主要位于内蒙古北部、吉林北部和吉林东南部，此处正好对应分散的降水中心。10 日 08 时气旋环流依然维持，环流后部干气流完全消失，冷涡环流低层对应湿区，湿区中心位于气旋环流东北部和南部，环流南部有辐合线。从 10 日 08 时至 11 日 08 时的 24 h 降水实况来看，降水以局地的对流性降水为主，降水区与湿度区位置一致，降水中心对应湿度大值区，但也有一个湿度大值区没有对应强降水，从风场来看，该中心仅处在偏南气流带上，而环流南部的另一个湿度中心正好位于低层辐合线上，有利的动力条件更有利于对流性降水的发生。11 日 08 时冷涡进入减弱期，冷涡减弱为低压带，低层环流减弱消失，对应为湿区并以东北风为主，从 11 日 08 时至 12 日 08 时的 24 h 降水分布来看，降水区基本与湿区对应，但降水中心未与湿区中心吻合。

所以在发展期和成熟期，深冷型冷涡在对流层低层配合有气旋、切变线或辐合线等降水系统，此时 925 hPa 上用温度露点差表征的湿区与降水区有很好的对应关系，特别是局地对流性降水中心与湿区中心位置十分吻合；冷涡减弱期，虽然 925 hPa 湿区也是对应降水区，但由于湿区中心低层没有明显的天气系统配合，所以不再对应对流降水中心。可见在对流层低层满足湿度条件情况下，低层的切变、辐合是触发强对流降水出现的重要条件。因此，在冷涡发展期和成熟期，925 hPa 温度露点差场上，温度露点差低于 5 ℃的区域所代表的湿区和小于 1 ℃的湿区中心对降水落区及对流降水中心预报有很好的指示意义。

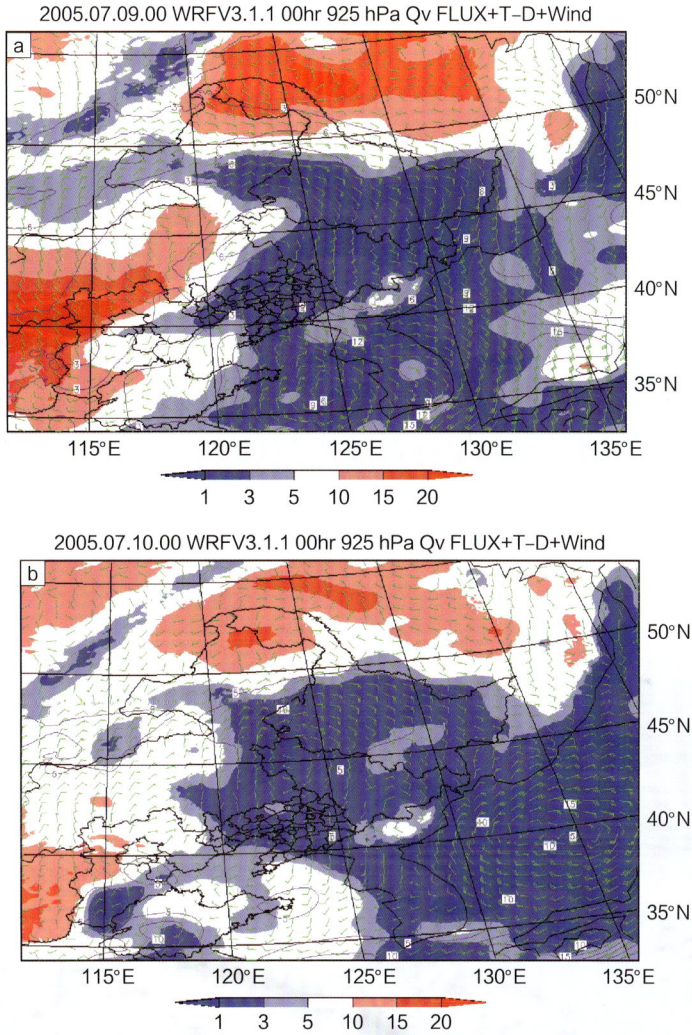

2005.07.09.00 WRFV3.1.1 00hr 925 hPa Qv FLUX+T-D+Wind

2005.07.10.00 WRFV3.1.1 00hr 925 hPa Qv FLUX+T-D+Wind

图 3-3-4　2005 年 7 月 9 日 08 时（a）、10 日 08 时（b）925 hPa 水汽通量
（实线，单位：g·m⁻¹·s⁻¹）、温度露点差（阴影区）和风场

3.1.5　冷涡环流内部垂直特征

为了了解冷涡环流内部温度、湿度等的垂直分布，图 3-3-5 给出的是 2005 年 7 月 10 日 08 时沿 120°E 南北向和沿 44°N 东西向过冷涡中心的假相当位温、温度、比湿和垂直速度垂直剖面，其中底部标注的矩形框为冷涡环流区所在位置。从图 3-3-5 上看到，

在对流层中低层冷涡中心上空为冷湿区，一直向上伸展到对流层中层的 500 hPa 高度，500 hPa 以上是干冷区。冷涡南部 700 hPa 以下是明显的暖湿区，主要集中在边界层，湿区内有向南倾斜的弱锋区（θ_{se} 密集带），暖湿区上层在 700 ~ 500 hPa 内 θ_{se} 是一个低值区，空气相对低层干冷，因此，冷涡南部有不稳定层结存在，易发生强的对流性降水。冷涡北部 θ_{se} 是低值区，边界层内冷湿，大气层结稳定，不利于降水发生。图 3-3-5b 为过冷涡环流中心的东西向垂直剖面图，明显看到冷涡环流区纬向范围更大，冷涡为椭圆形分布，长轴为纬向分布。冷涡环流区东部，在对流层中低层为 $\partial\theta_{se}/\partial p>0$ 的区域，边界层内为暖湿中心区，说明该区域为对流不稳定区，有利于对流降水发生，另外，在环流东部有两处垂直速度上升区，因此也有利于对流降水的发生。在冷涡成熟期，冷涡南部和环流区东部是对流降水易发。

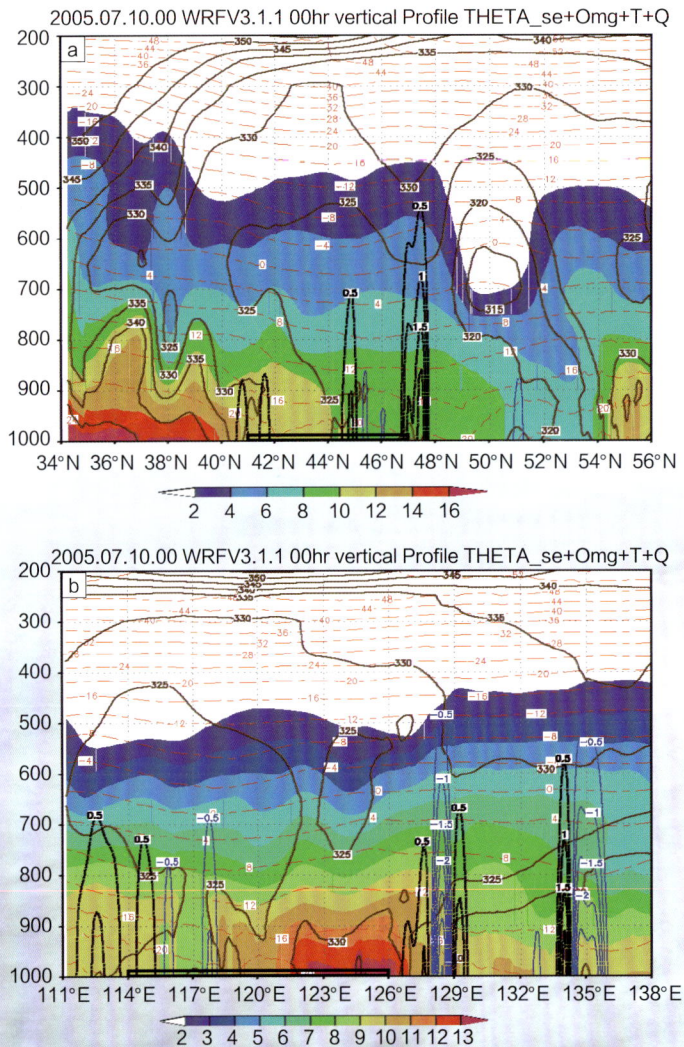

图 3-3-5　2005 年 7 月 10 日 08 时冷涡环流内部南北向（a）和东西向（b）温度（长虚线，℃）、θ_{se}（实线，K）、比湿（阴影）和垂直速度（短虚线，10^{-3} hPa/s）

3.2　2006 年 6 月 7—11 日个例

3.2.1　对流层中低层环流

2006 年 6 月 7—11 日，一次明显的东北冷涡过程由北向南影响东北地区。6 月 6 日，贝加尔湖西部的高压脊不断向东北发展，很快发展为阻塞高压，高压前的偏北气流带来的下沉冷空气使得高压前部的低压发展，形成切断低压，6 月 7 日 08 时，切断低压发展为经向闭合的冷涡，中心位于东北地区的西北部，冷槽落后于高度中心，北部下滑的冷空气开始侵入冷涡后部，冷涡环流东北部有暖脊，冷涡西南部有西风槽，并且有正涡度平流向东偏北输送，冷涡东北部也有一个向北输送的正涡度平流中心。850 hPa 对应在冷涡区有一个很强的气旋，冷槽同样落后于气旋环流，环流西北部为冷中心，环流中心至东部有明显的暖脊，气旋内部温度梯度较大，气旋南部的辽宁地区有锋区，且一直维持到 7 日 20 时，气旋西南部为干冷气流，东南部为暖湿的西南气流，该结构与温带气旋类似，冷涡环流中心无明显降水，降水主要发生在冷涡环流外围北部至东南区域，属于大范围系统系降水，主要影响系统是对流层低层气旋。8 日 08 时冷涡加强发展（图 3-3-6），冷涡中心最低达到 540 hPa，位置略东移，由西北部下滑的冷空气已经进入冷涡环流中心，冷中心略偏环流南部，基本与高度中心重合，冷涡进入成熟期，环流北部东风气流维持弱暖舌，对流层低层 850 hPa 在冷涡中心处对应气旋，冷中心与气旋中心重合，气旋前部的暖脊仍维持，至 8 日 20 时有所减弱，从对流层高低层温压场配置来看，冷涡与气旋高度和温度中心基本重合，冷涡斜压性弱，降水以分散的弱对流降水为主，分布在冷涡环流的北部至东南部地区。至 6 月 9 日 08 时，500 hPa 上冷涡环流仍控制整个东北地区，且冷空气已经完全进入冷涡，但中心南落至内蒙古东部，对应 850 hPa 东北地区为气旋控制，气旋中心位于辽宁西北部，较冷涡中心略偏东，气旋前部加强的西南气流使得气旋前部有所减弱的暖脊再次加强，吉林和辽宁交界处有暖式切变存在，这样在辽宁和吉林对流层上空存在上冷下暖的不稳定层结，有利于强对流性天气的出现，从对应降水分布来看，降水仍以分散对流性降水为主，强降水主要发生在冷涡环流东到东南部地区，也就是低层气旋暖脊区。9 日 20 时，500 hPa 冷涡环流减弱东移，并对应冷槽，冷涡进入减弱期，6 月 10 日 08 时，冷涡环流减弱为经向槽，迅速下滑的冷空气一直影响到中国东部地区，辽宁上空仍维持弱的环流中心，对流层低层气旋环流减弱，气旋底部同样为冷槽，对流层从中层到低层都对应冷区，气旋附近对应一些对流性降水。11 日 20 时，冷涡减弱的高空槽东移消失，过程结束。从过程降水与冷涡环流对应位置来看，冷涡发展期环流内部无明显降水，成熟期及减弱初期环流内有降水。

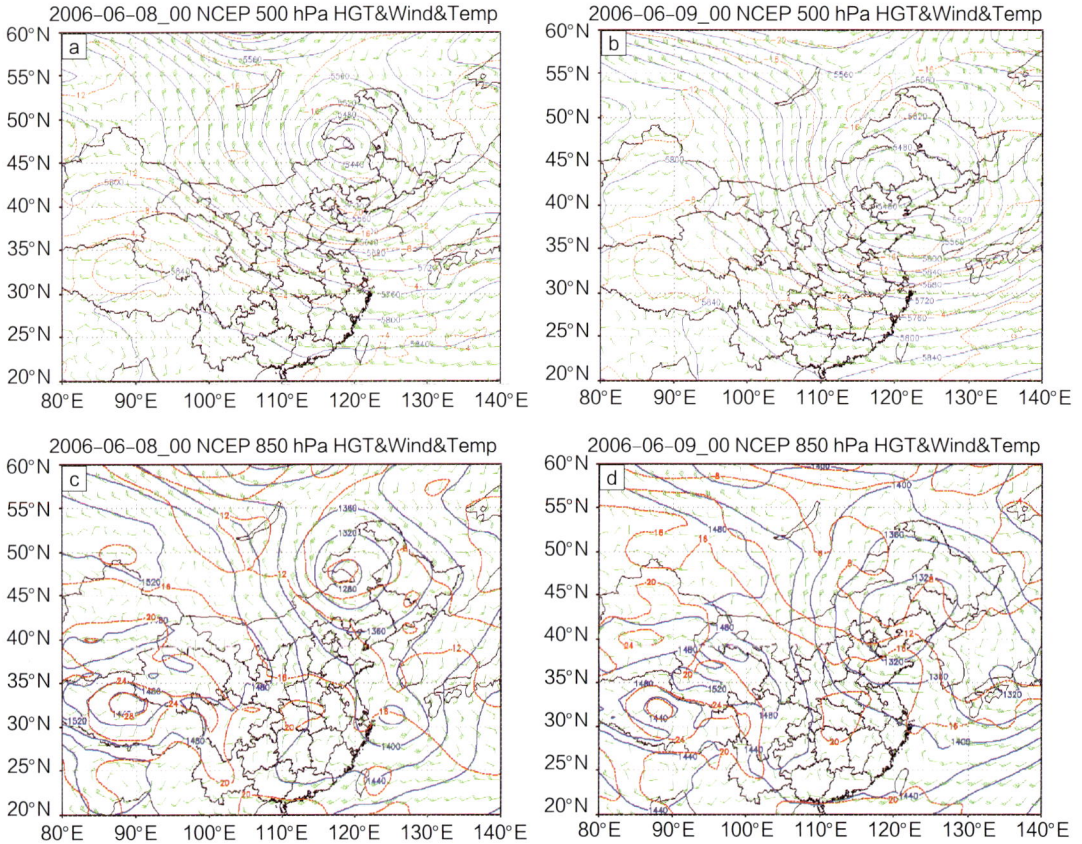

图3-3-6 2006年6月8日08时500 hPa（a）、850 hPa（c）和9日08时500 hPa（b）、850 hPa（d）
高度（实线，单位：gpm）、温度（虚线，单位℃）和风矢

3.2.2 边界层环流特征

以925 hPa为代表分析边界层特征，选用数据为WRF模式的模拟结果。

6月8日08时，冷涡进入成熟期，边界层同样为一个明显的气旋环流，环流中心位置与500 hPa冷涡中心位置一致，位于内蒙古东北部和蒙古国的交界处，气旋前部最外围由渤海至东北东部地区的偏南气流带来的湿冷舌由气旋顶部向东一直伸展到气旋环流中心，而环流中心前部至环流西南部为明显的暖干区，干区和湿区之间存在干线，但干线上没有切变和辐合。8日20时，随着气旋环流中心东南移，冷湿舌伸展到气旋的整个北部和西北部，气旋环流中心至西南部的暖干区减小，辽宁西北部的干线上有弱切变，同时在黑龙江北部的俄罗斯地区有一个小的暖干区，而黑龙江北部为湿冷区，在湿度梯度大的地方有弱的风辐合，从925 hPa的散度场也可见暖干区大致对应一个低层辐合区（图3-3-7）。因此降水以弱的对流性降水为主，主要发生在干线前的湿区内，相对湿度中心对应区域降水偏大，降水系统主要是低层弱切变和辐合。9日08时气旋环流维持，中心位置变化不大，最大的变化是环流中部至西南部的暖干气流消失，冷空气进入气旋中心，干线消失，但位于气旋中心的辽宁地区仍有切变存在，切变线的前部为湿度中心，吉林、黑龙江和内蒙古三省交界处有一个很弱的气旋性切变。20时冷涡开始减弱，整个冷涡环流区为湿冷区，边界层气旋环流减弱为辐合线，位于辽宁中部地区。对应时段冷涡环流降水以分散的对流性降水为主，强降水主要位于切变线或辐合线及其前部的湿区内，高湿区对应大的降水。

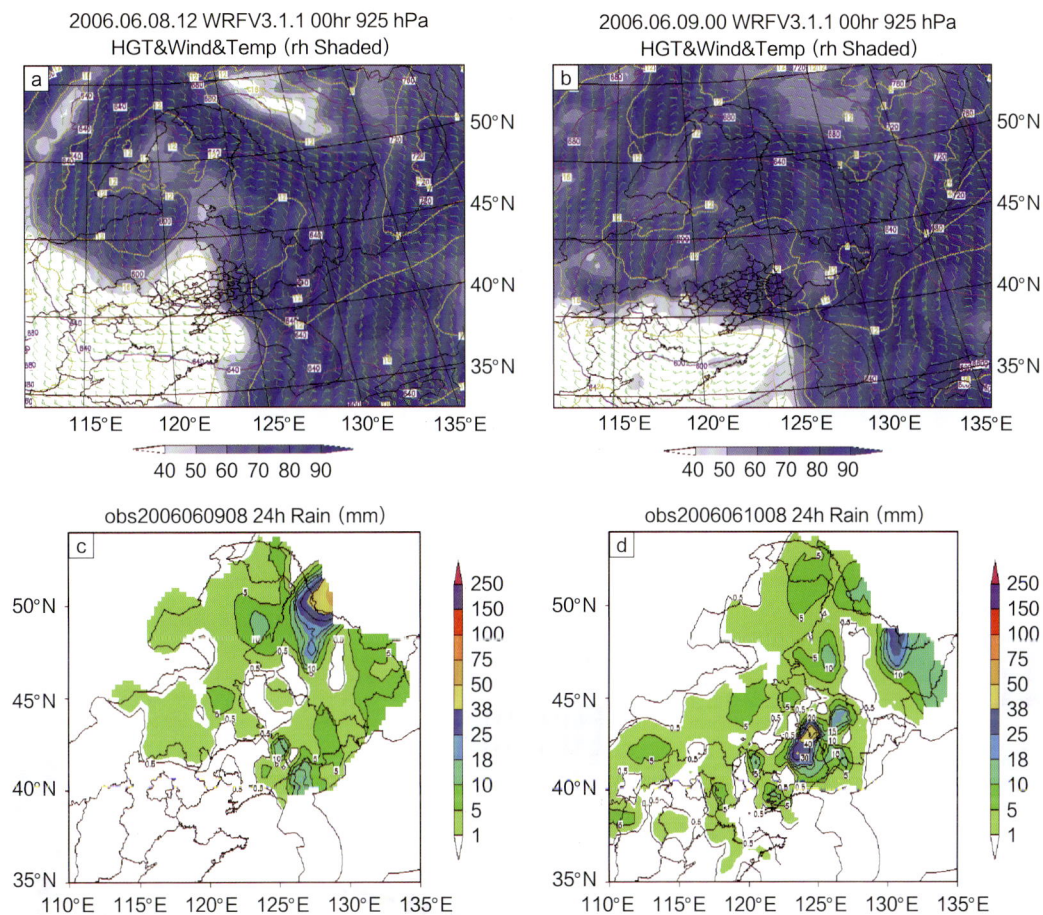

图3-3-7　2006年6月8日20时（a）、9日08时（b）925 hPa高度（实线，单位：gpm）、温度（虚线，单位℃）、风矢和相对湿度（阴影区）及8日08时至9日08时（c）、9日08时至10日08时（d）的24 h降水实况（单位mm）

虽然该个例对流层中层冷涡中心位置与边界层气旋环流对应关系与前一个例略有不同，但其结果与前一个例类似，都是随着冷涡发展，边界层冷空气逐渐侵入气旋内部，气旋环流内的干湿对比逐渐减小，气旋逐渐为湿冷空气控制，冷涡环流内的降水以分散的对流性降水为主，降水区一般位于湿区内，强降水一般多发生在边界层干线、切变线和辐合线附近及其前部的高湿区内。

3.2.3 对流有效位能（CAPE）分布与降水的关系

6月8日08时冷涡进入成熟期，整个东北地区基本都在冷涡环流控制下，从图3-3-8对流有效位能分布来看，CAPE区范围相对较小，位于冷涡环流的东南部，且离冷涡中心有一定距离，中心强度超过800 J/kg。对流层低层，对应925 hPa干湿过渡区，处在气旋环流前部的偏南气流中。8日20时，冷涡位置少动，但CAPE区强度减弱、范围减小，

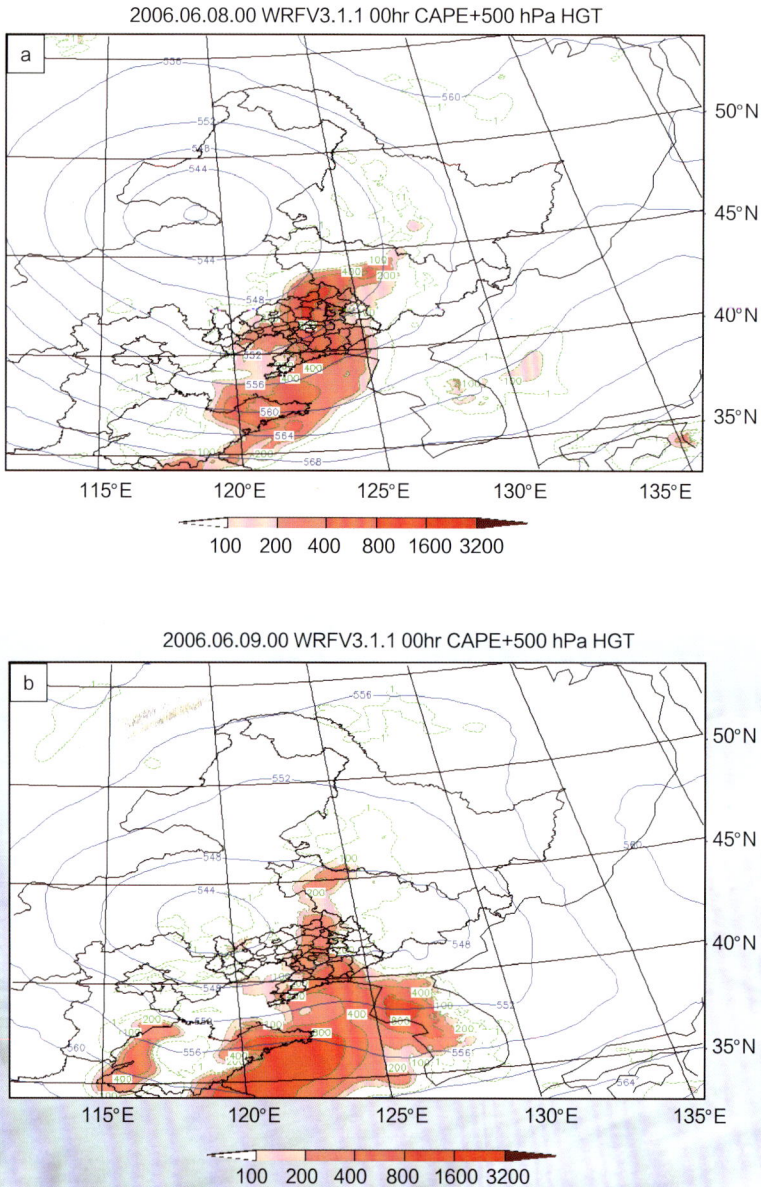

2006.06.08.00 WRFV3.1.1 00hr CAPE+500 hPa HGT

2006.06.09.00 WRFV3.1.1 00hr CAPE+500 hPa HGT

图3-3-8　2006年6月8日08时（a）、9日08时（b）500 hPa高度
（实线，单位：dgpm）和CAPE（阴影区）

缩至冷涡东南角，中心强度基本在 400～800 J/kg 之间，相应的 925 hPa 上处于干线前部。从 8 日 08 时至 9 日 08 时由于该时段对流层中层到低层环流中心基本重合，气压场斜压性弱，且 925 hPa 上气旋东部至北部深入气旋内部的湿冷舌在边界层形成稳定层结，不利于强降水的发生，因此对应时段降水以分散的阵性降水为主，从降水分布来看，CAPE 区与降水区不完全对应，降水主要是发生在 CAPE 区与 925 hPa 湿区的交汇区域。9 日 08 时，冷涡中心南移，CAPE 区位于冷涡东到东南部，更靠近冷涡中心，较前一时次 CAPE 区范围变大，对应对流层低层 925 hPa 上切变线前部的湿区。9 日 20 时冷涡进入减弱期，冷涡环流减弱东移，CAPE 区略东移，位于冷涡环流中心，对流层低层同样对应辐合线前部湿区内的偏南气流。从 9 日 08 时至 10 日 08 时的降水分布来看，冷涡环流内的降水仍以分散的对流性降水为主，强降水主要出现在冷涡的东南部，其他区域降水只是弱的阵性降水，强降水区域正好对应 CAPE 区，CAPE 区在对流层低层有切变的地区是降水中心区。

从该个例分析来看，由于进入成熟期后冷涡的斜压性开始减弱，降水以分散的对流性降水为主，降水主要发生在 CAPE 区与 925 hPa 湿区的交汇处，且对流层低层存在的切变线和辐合线为对流降水提供触发条件，有利于不稳定能量的释放，因此与降水中心区对应。

3.2.4　水汽和湿度场分布与降水的关系

利用 WRF 模拟结果分析了 925 hPa 的温度露点差场。

图 3-3-9 为 6 月 8 日 08 时的温度露点差、水汽通量和风场图，从图 3-3-9 中可见，在冷涡中心对应区域同样为一个气旋环流中心，气旋环流前部的偏南气流内存在明显的湿度差异，环流最外围的偏南气流为温度露点差低于 5 ℃的湿区，且在气旋北部一直向西伸展到气旋环流中心，为一个明显的湿舌，湿舌内有两个水汽通量中心，一个位于黑龙江北部，一个位于辽宁和吉林交界处，靠近气旋中心的偏南气流区为明显的干区，干湿过渡区内没有风场切变和辐合。8 日 20 时，冷涡加强位置少动，但低层气旋环流中心东南移至吉林、辽宁和内蒙古三省交界处，气旋北部的湿舌仍维持但强度有所减弱，干区主要位于气旋环流的南部和西南部，气旋南部的切变正好位于干区内，干线对应切变前的偏南气流，在辽宁中东部和黑龙江北部分处两个水汽通量中心。对应时段降水主要分布在气旋的湿区内，温度露点差不足 1 ℃的湿区中心处降水偏大，另外水汽通量中心也与降水中心基本重合。6 月 9 日 08 时，环流中心略东移，环流东北风带来的水汽进入气旋内部，环流内部和前部的干气流消失，干区位于环流南部，湿区中心位于辽宁东部、黑龙江西部和东北部，渤海湾和黑龙江北部有两个水汽通量中心，气旋环流南部有切变。20 时，冷涡减弱，对流层低层环流减弱为辐合线，位于辽宁中部地区上空，冷涡环流低层对应湿区，但强度有所减弱，小于 1 ℃的湿区中心仅位于冷涡西北部。从对应时段降水分布特征来看，降水以对流性降水为主分散在冷涡湿区内，强降水主要发生在低层切变和辐合线附近的湿

区内，降水中心基本对应湿区中心，但与上一时段不同，该时段水汽通量中心不再对应强降水区。

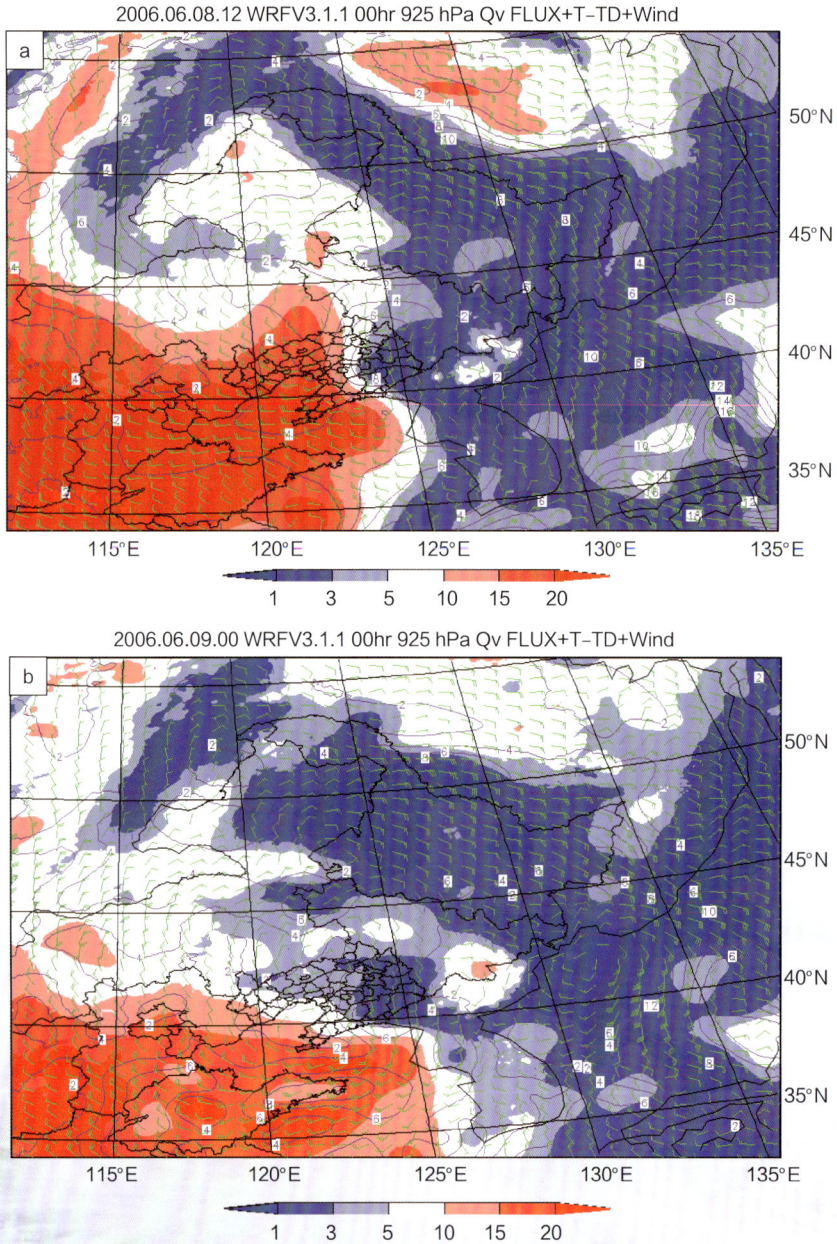

图 3-3-9　2006 年 6 月 8 日 20 时（a）、9 日 08 时（b）925 hPa 水汽通量
（实线，单位：g·m^{-1}·s^{-1}）、温度露点差（阴影区）和风场

　　无论冷涡处在成熟期还是减弱初期，冷涡环流降水一定是发生在用温度露点差代表的 925 hPa 湿区内，且以分散的对流性降水为主。小于 1 ℃的湿区中心多数会对应降水中心，湿区内切变线和辐合线的抬升作用是强降水出现的重要条件。

3.2.5　冷涡环流内部垂直特征

图 3–3–10 为 2006 年 6 月 9 日 08 时沿 119°E 和沿 43°N 过冷涡中心的假相当位温、温度、比湿和垂直速度剖面，其中底部黑色矩形框标注区域为冷涡环流区，环流中心在 43°~45°N，117°~123°E。从图 3–3–10a 经向垂直剖面图上可见，成熟期冷空气已经侵入到冷涡中心，冷涡附近没有假相当位温锋区，冷涡环流区对流层低层以下为湿冷区，湿区向上

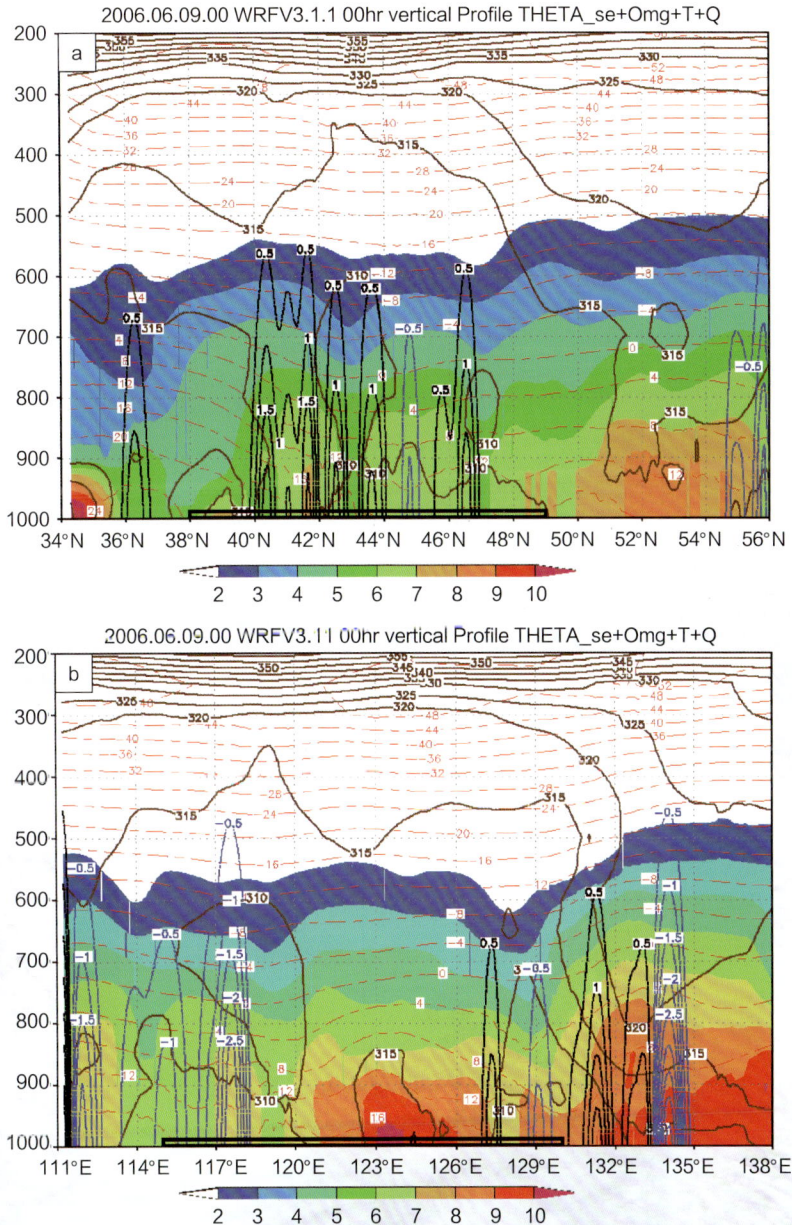

图 3-3-10　2006 年 6 月 9 日 08 时冷涡环流内部南北向（a）和东西向（b）温度（长虚线，℃）、θ_{se}（实线，K）、比湿（阴影）和垂直速度（短虚线，10^{-3} hPa/s）

伸展到 600 hPa，最大比湿仅为 8 g/kg，冷涡区大气层结相对稳定，但在冷涡中心区偏北部垂直速度有一个负区，在该地区有弱的上升运动，会有弱的降水发生。冷涡南部对流层低层以下 θ_{se} 偏大，而对流层中层 θ_{se} 偏小，说明冷涡南部地区对流层低层相对暖湿，中层为干冷区，大气具有对流不稳定性，有利于对流降水发生。图 3-3-10b 为过冷涡中心区的经向剖面图，从图中可见冷涡东西向范围更大，冷涡为长轴纬向分布的椭圆形，环流中心位于 117°~123°E，偏向环流区的西侧，冷涡中心区在对流层低层为 θ_{se} 低值区，温度和湿度较冷涡中心外围偏小，大气层结相对稳定，但在中心区西侧有上升垂直速度，因此在冷涡中心后部会有弱降水出现。在冷涡中心区东侧的环流区内，明显存在一个暖脊和湿度大值区，暖脊一直向上伸展到 800 hPa，而 800 hPa 至 500 hPa 空气相对干冷，该区域低层大气有不稳定层结存在，有利于强对流性降水发生。冷涡环流东部 134°E 附近有明显的垂直上升速度，但 $\theta_{se}/\partial p < 0$ 大气层结稳定，有利于系统性降水发生。因此，从冷涡环流中心纬向和经向垂直剖面图上分析可知，环流中心东侧的区域有利于强对流性降水发生。

3.3 2005 年 5 月 30 日至 6 月 3 日个例

3.3.1 对流层中低层环流

2005 年 5 月 30 日至 6 月 3 日，影响东北地区的冷涡也是深冷型冷涡，从其演变过程来看也经历了发展、成熟和减弱阶段。2005 年 5 月 30 日 08 时，500 hPa 上蒙古国为一冷区，冷区前贝加尔湖南部的气旋环流发展，形成纬向的闭合冷涡，其南部为西风带，对流层低层对应冷涡区略偏东处有一个气旋环流，且冷中心落后于环流中心，环流前部有暖脊。30 日 20 时冷涡加强东移，靠近我国内蒙古地区，冷涡后部下滑的冷空气使得冷涡南部的低槽发展，对流层低层上的气旋环流加强，冷中心仍落后低压中心，并且前部的暖脊仍维持，从对流层中低层配置来看，低层气旋中心与冷涡中心逐渐重合，冷涡进入成熟期。31 日 08 时冷涡加强略东移，冷中心与高度中心重合，东北地区处于冷涡前部的偏南气流中，冷涡南部西风带上辽宁上空有弱短波槽活动，850 hPa 上气旋环流前部暖脊减弱，华北上空存在明显的切变。31 日 20 时，随着冷涡后部阻塞高压发展，冷涡由纬向型转为经向型，冷涡南部西风槽发展，西南部受冷涡后部偏北气流冷空气影响，锋区最强，冷涡中心位于中蒙交界处，东北地区处于冷涡前部的偏南气流控制中，低层 850 hPa 同样在气旋南部对应锋区，锋区前部的辽宁及华北东部地区有较强的降水，因此，该时段降水主要以系统性降水为主，影响系统为冷涡南部的西风槽。1 日 08 时（图 3-3-11），冷涡加强略东南移，冷涡环流中心进入内蒙古，温度中心与冷涡中心重合，冷涡南部西风槽东移至辽西至山东半岛上空，如图 3-3-11c 所示，对流层低层气旋环流中心位于内蒙古东部，气旋底部同样有锋区存在，另外，在气旋东北部有一个气旋式切变存在，20 时阻塞高压发展，高压脊位于贝加尔湖东部，受其影响冷涡减弱东移，850 hPa气旋环流中心东移至吉林和辽宁西部，环流内有辐合，气旋北部的暖式切变虽然减弱但仍存在，对应时段降水主要发生在冷涡环流南部、东部和东北部，降水属于混合型降水为主，南部是受西风槽影响的系统性降水，东部和北部是受对流层低层切变线和辐合线的影响，以分散的对流降水为主。至2日08时，冷涡环流强度减弱位置东移，中心位于吉林，20时冷涡位置少动，但强度继续减弱，低层对应的气旋环流也相对减弱，环流中心有切变，环流东北部有风场的辐合，降水以分散的对流性降水为主，冷涡中心有弱的降水，降水中心主要分布在冷涡环流东南部和东北部，与低层的切变或辐合区对应。3日08时冷涡快速东移，环流结构越来越弱，东北地区逐渐转入高压脊前偏北气流控制，冷涡进入减弱期，至20时冷涡减弱为高空槽并迅速东移出东北地区，冷涡过程结束。因此，从冷涡演变情况来看，成熟期的1—2日降水为冷涡环流内部降水，分析1—2日降水与冷涡环流的对应关系。

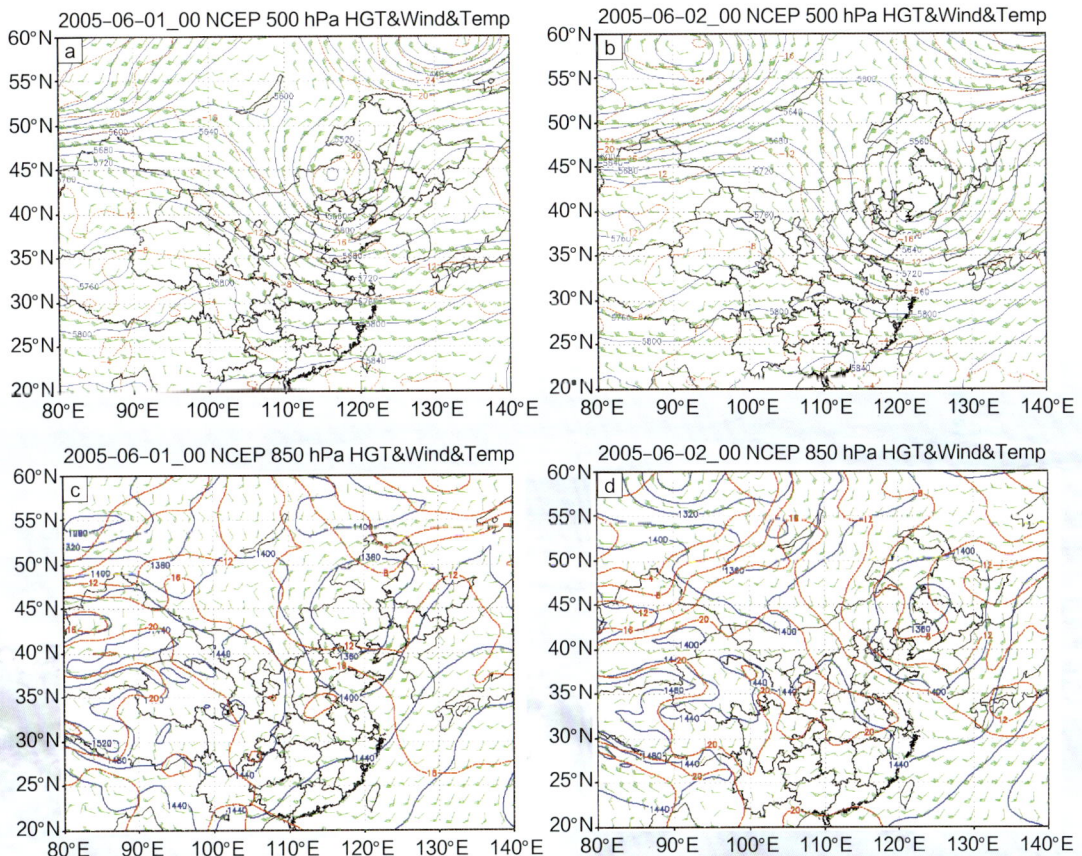

图3-3-11　2005年6月1日08时500 hPa（a）、850 hPa（c）和2日08时500 hPa（b）、850 hPa（d）高度（实线，单位：gpm）、温度（虚线，单位℃）和风矢

3.3.2 边界层环流特征

1—2 日虽然都是处在冷涡成熟期，但 1 日冷涡强度加强而 2 日冷涡强度开始减弱。如图 3-3-12 所示的 925 hPa 图上，1 日 08 时冷涡环流进入内蒙古，边界层的内蒙古东部对应一个弱的气旋环流，冷空气已经进入环流内部，除环流东南部的一小块暖干区外，整个东北地区基本处于湿冷区，由海上偏南气流带来的暖湿空气经辽宁中西部北上，一部分在吉林西部与北部的湿冷空气汇合，在吉林和内蒙古交界处形成一个高湿的辐合区，另一部分暖湿空气继续东北上，与北部的偏北气流在黑龙江西北部形成另一个辐合区，冷涡南部西风槽区对应湿区。20 时，气旋环流减弱为辐合线东移至辽宁与内蒙古交界处，位于黑龙江的辐合区减弱南移，东北地区中西部和辽宁处于湿冷区，该时段降水发生在边界层的湿区内，除南部受高空槽影响的系统性降水外，其他地区以分散的对流性降水为主，辐合

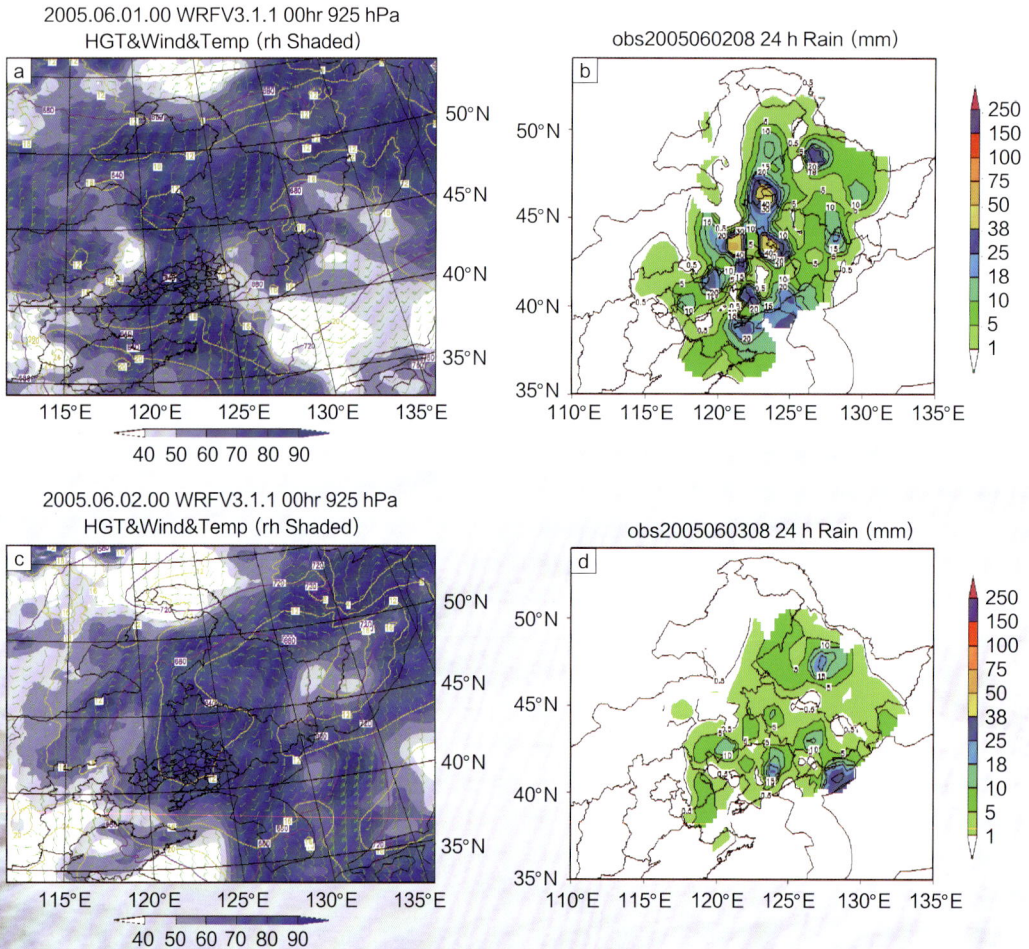

图 3-3-12 2005 年 6 月 1 日 08 时 (a)、2 日 08 时 (c) 925 hPa 高度（实线，单位：gpm）、温度（虚线，单位℃）、风矢和相对湿度（阴影区）及 6 月 1 日 08 时至 2 日 08 时 (b)、2 日 08 时至 3 日 08 时 (d) 的 24 h 降水实况（单位 mm）

线和湿区中心一般是强降水出现的地区。2 日 08 时，边界层的气旋环流加强，与 850 hPa 类似中心位于吉林西部，同时在辽宁中部地区有一个弱的风切变，黑龙江北部有风场的辐合，辽宁和黑龙江北部是湿区中心，20 时，气旋环流加强东移，在环流前部的吉林东部和环流北部地区有风场辐合，从对应时段降水来看，降水主要以分散的对流降水为主，分布在环流的湿区内，其中低层辐合区和弱切变恰好是分散的几个降水中心区，同时该区域也与湿区中心对应。

所以从边界层特征来看，冷涡进入成熟阶段后湿冷空气已经侵入边界层环流内部，降水分布在湿区内，有辐合或切变存在的湿区中心一般是强对流发生区域。

3.3.3　对流有效位能分布

图 3-3-13 为 1 日 08 时的 CAPE 图，冷涡中心进入内蒙古，CAPE 区分散地分布在冷涡环流外围的东南部至北部区域，其中东南部的 CAPE 区范围较大，强度偏强，东部的 CAPE 区与边界层的辐合区对应，低层的辐合上升和较大的不稳定能量有利于强对流的发生。20 时，随着冷涡减弱东移，CAPE 区也减小东移，主要分布在冷涡的东南部和东部，位置更靠近冷涡中心，其中南部的 CAPE 区位于冷涡南部发展低槽区，另一个位于辽宁北部，并且 CAPE 区西部与边界层的辐合线位置一致，从该时段降水的分布特征来看，除冷涡环流北部的 CAPE 区没有降水外，其他 CAPE 区均与冷涡环流降水对应，且 CAPE 中心区与降水中心区基本吻合。2 日冷涡减弱东移，08 时冷涡中心位于吉林西部，CAPE 区明显减小，仅零散的分布在冷涡中心区的东南部和东北部，东南部的偏大，并正好位于 925 hPa 上弱切变处，东北部的很小不足 200 J/kg，20 时随着冷涡东移，CAPE 区位于冷涡东南部的朝鲜半岛上，同时冷涡中心东北部的 CAPE 区略有加强，边界层上该处对应风场的辐合区，该时段降水以分散的对流降水为主，从降水与不稳定能量分布情况来看，CAPE 区与降水区对应，且在边界层有切变或辐合对应的 CAPE 中心一定是对流降水中心。

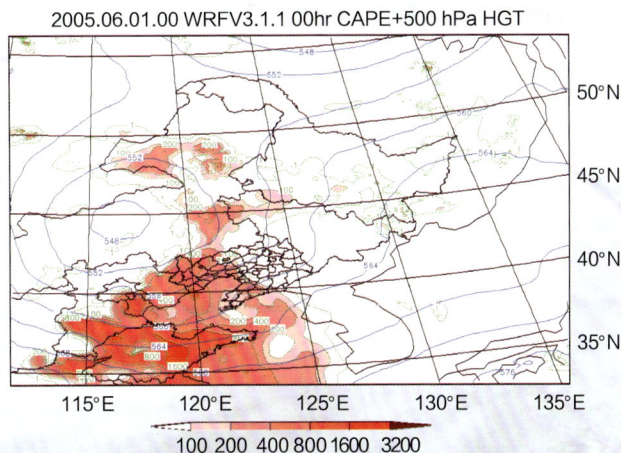

图 3-3-13　2005 年 6 月 1 日 08 时 500 hPa 高度（实线，单位：dgpm）和 CAPE（阴影区）

3.3.4 水汽和湿度场分析

同样利用 WRF 模拟结果分析 925 hPa 的温度露点差场。

图 3-3-14 给出的是 2005 年 6 月 1 日温度露点差、水汽通量和风场，从图 3-3-14 中环流可见，位于内蒙古的冷涡中心在 925 hPa 同样对应一个弱的气旋环流，环流内及西南部是干区，环流东侧由海上而来的偏南气流在东北地区中部形成一个南北向的明显湿区，

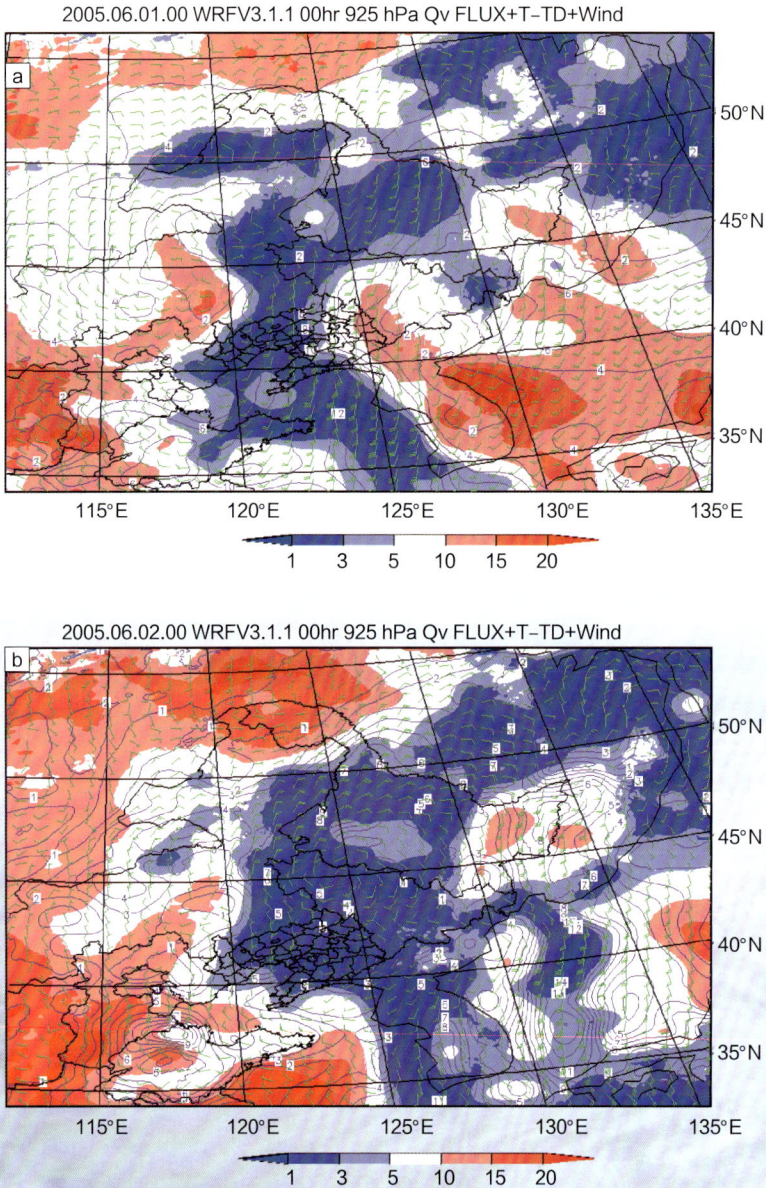

图 3-3-14　2005 年 6 月 1 日 08 时（a）、2 日 08 时（b）925 hPa 水汽通量
（实线，单位：g·m⁻¹·s⁻¹）、温度露点差（阴影区）和风场

湿区内位于辽宁南部渤海湾、黑龙江中西部和内蒙古东部靠近辽宁吉林两省处有 3 个水汽通量大值中心区，另外，在辽西、吉林内蒙古交界处和黑龙江西北部分散着 3 个湿区中心，后两个湿区中心北部都有风场辐合存在，至 1 日 20 时，气旋环流减弱为辐合线东移至内蒙古东部与吉林、辽宁交界处，其南侧对应水汽通量大值中心，湿区范围和水汽含量明显减小，只有辽宁东南部的温度露点差低于 1 ℃，从该时段降水分布来看，降水主要分布于湿区内，湿区中心一般与降水中心对应，其中有低空辐合配合的湿区中心或水汽通量中心都与降水中心对应。2 日 08 时，除黑龙江东部外，整个东北三省都在湿区范围内，在吉林中西部有新的气旋环流生成，环流中心为水汽通量中心，同时辽宁中部存在东西向的风切变，切变的南部为湿区中心，从 925 hPa 的散度场上可见在黑龙江北部有风场的辐合区且与湿区对应，辐合区东部为湿区中心。2 日 20 时，气旋环流加强东移，从散度场上可见在环流前部的吉林东部和环流北部地区有弱的风场辐合，湿区分布在环流外围，其中吉林西部是湿区和水汽通量中心，以分散的对流降水为主分布在环流周围，其中东南部和北部是降水偏大区，这里正好与低层辐合和切变南部的湿区中心对应。

3.3.5　冷涡环流内部垂直特征

图 3-3-15 为 2005 年 6 月 1 日 20 时沿 121°E 和 44°N 过冷涡中心的假相当位温、温度、比湿和垂直速度剖面，其中底部黑色矩形框标注区域为冷涡环流中心区。从纬向垂直剖面图上可见，在对流层低层，成熟期冷涡环流内部和冷涡南部为明显湿区，湿空气一直向上伸展到 600 hPa，冷涡中心区在低层为湿冷区，环流区南部有一个小范围的 θ_{se} 大值中心，对应为空气的暖湿中心，暖湿区上空大气相对干冷，该区域大气有不稳定层结存在。冷涡北部是 θ_{se} 的低值中心，北部空气干冷，不利于对流性降水的出现。冷涡环流南部边界层内温度场有弱暖脊，同时又是湿中心，边界层上层为相对干冷空气，大气具有明显的对流性不稳定，因此，冷涡环流内南部地区和冷涡南部有利于对流降水的发生，是对流降水易发区。图 3-3-15b 为冷涡中心经向垂直剖面图，通过与图 3-3-15a 的对比发现，该个例冷涡为长轴经向分布的椭圆形环流，冷涡中心区及冷涡东部在对流层低层为明显湿区，其中冷涡中心区东侧边界层内为 θ_{se} 大值区，对应区域大气暖湿，暖湿区上层空气相对干冷，对流层中低层 $\theta_{se}/\partial p>0$，此区域为对流不稳定区，有利于强对流性降水发生。另外，在冷涡东部 128°E 附近，有弱的上升垂直速度，会有弱降水出现。因此，从冷涡纬向和经向垂直剖面图分析结果可知，当冷涡为长轴经向分布的椭圆形结构时，冷涡环流区内南部和东部是对流性降水易发区。

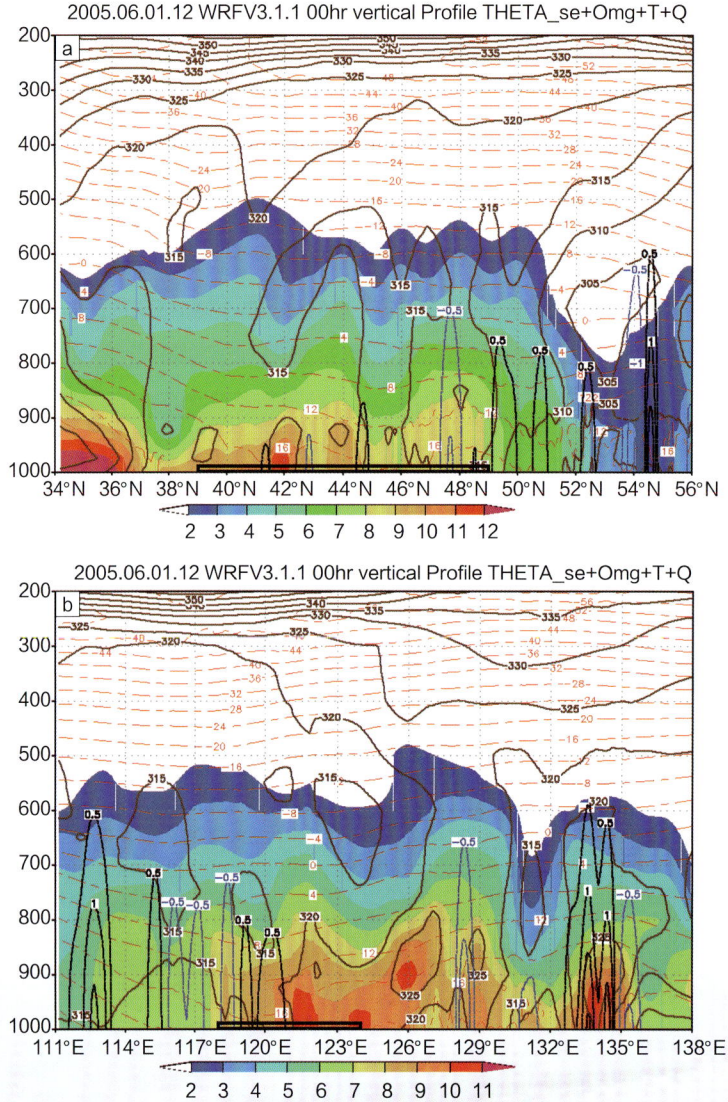

2005.06.01.12 WRFV3.1.1 00hr vertical Profile THETA_se+Omg+T+Q

2005.06.01.12 WRFV3.1.1 00hr vertical Profile THETA_se+Omg+T+Q

图 3-3-15　2005 年 6 月 1 日 20 时冷涡环流内部南北向（a）和东西向（b）温度（长虚线，℃）、θ_{se}（实线，K）、比湿（阴影）和垂直速度（短虚线，10^{-2} hPa/s）

4　东北冷涡对流降水落区预报

4.1　物理诊断量与降水落区的关系

较强的对流有效位能为对流的发生提供了潜在环境条件，但对流的爆发还必须有触发和维持机制。应用辽宁省 1 h 间隔的地面自动站资料，分析了对流有效位能区与未来 1 h、3 h、6 h 降水落区的关系。

冷涡发展阶段，在对流爆发前夕，对流有效位能很强，8 日 20 时，随着对流的爆发，降水区和对流有效位能区基本重合；9 日 08 时，降水有些减弱，对流有效位能区明显较降水区偏大（图 3-4-1），其后 6 h 降水区基本对应于对流有效位能区（>100 J kg）与 925 hPa 干线前水汽通量大值区 >0.006 kg/（m·s）的重叠区，降水落区西侧与 0.006 kg/（m·s）水汽通量线基本一致，东南侧与 100 J/kg 对流有效位能线基本一致，但东侧 0.006 kg/（m·s）水汽通量线较降水区偏西，强降水发生在水汽通量锋区边缘与较大对流有效位能区的重叠区域；从 9 日 14—20 时，对流有效位能区依然较大，而降水较弱趋于结束。所以在东北冷涡发展阶段一直对应较强的对流不稳定能量，其强度从对流触发开始逐渐减小，但强对流维持期间减弱很慢，而在降水减弱到结束期间对流有效位能迅速减小，所以发展阶段对流有效位能与降水强度有一定对应关系，但还需要配合对流层低层水汽通量确定降水落区。在冷涡发展阶段，降水系统主要为由湿斜压作用发展起来的对流层低层气旋，所以与低层辐合线相配合的干线分布直接影响对流的发展，冷涡发展期从对流层底层到高层的干线非常明显，对流有效位能区与 925 hPa 干线前水汽通量大值区 >0.006 kg /（m·s）的重叠区与降水区有一定的对应关系。所以在冷涡发展期，由于降水为系统性降水，正的对流有效位能与对流层低层较大的水汽通量对降水落区有明显影响。

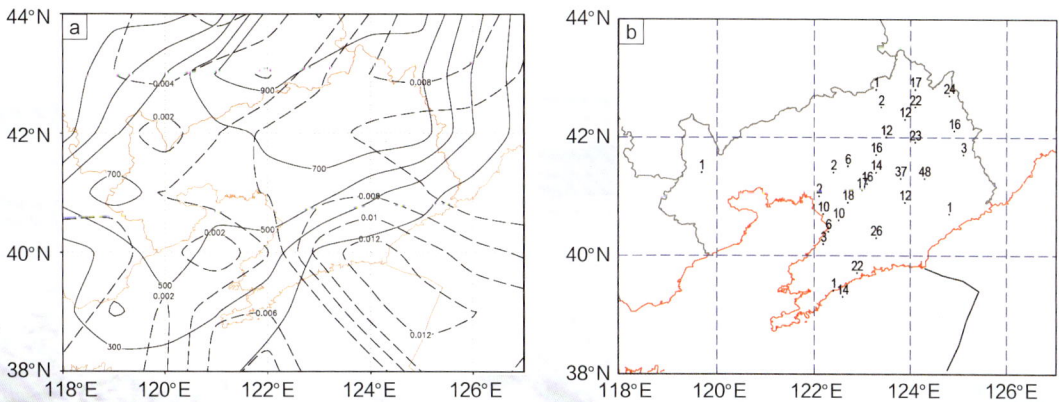

图 3-4-1 冷涡发展阶段（2005 年 7 月 9 日 08 时）CAPE（a 实线）、925 hPa 水汽通量（a 虚线）和此后 6 h 降水（b）

成熟期配合辐合线的干线已非常不明显，10 日 08 时从地面到 900 hPa 辐合区为接近圆形的湿区，850～600 hPa 有干空气入侵，湿区分布于涡前部到顶部，600 hPa 以上分布于涡的顶部到涡中心。成熟期对流层低层的气旋性风切变仍然比较明显，但温度水平分布趋于均匀，水汽水平分布梯度减小，因此湿斜压性很弱，从而导致了降水系统性减弱，局地性增强，所以对流有效位能区一般大于降水区。成熟期若发生较大范围降水则与大范围的对流有效位能区相匹配，而弱的阵性降水与对流有效位能区差别较大。从 10 日 02—14 时，对流有效位能区与其后 6 h 内发生的对流有较好对应关系，但对流有效位能区与 925 hPa 大于 80% 的相对湿度的重叠区更接近对流降水落区（图 3-4-2）。20 时，辽宁中东部对应较大对流有效位能区，而其后并没有发生对流，进一步分析降水落区不仅与对流层低层辐合带、对流有效位能有关系，还与 925 hPa 大于 80% 的相对湿度区有较好的对应关系，对流降水也基本发生在大于 100 J/kg 的对流有效位能区和 925 hPa 大于 80% 的相对湿度区的重叠区域。由此可见，对流层低层的湿度条件在冷涡成熟期对流降水中有重要作用。由于成熟期冷涡内部斜压性减弱，难以产生系统性上升运动，降水主要受局地热对流的影响，而局地较大的湿度才能为对流提供潜在不稳定条件和水汽条件。10 日 02—14 时冷涡控制区的对流有效位能区与 925 hPa 大于 80% 的相对湿度区的重叠区域基本对应降水区，10 日 20 时虽然对流有效位能区较大，但该区域在 925 hPa 的相对湿度基本小于 80%，不对应降水。11 日 08 时，辽宁中北部对应对流有效位能区，但该区域 925 hPa 的相对湿度均小于 80%，而在辽宁东部和西部的相对湿度大值区出现了较弱降水。

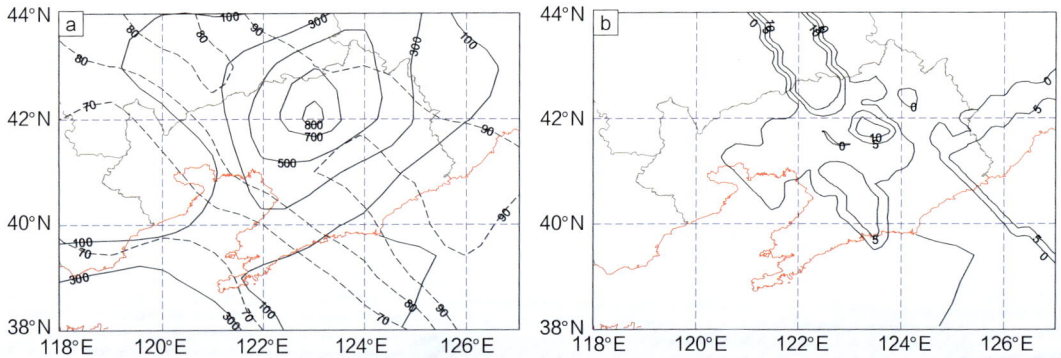

图 3-4-2 成熟阶段（2005 年 7 月 10 日 08 时）CAPE（a 实线）、925 hPa 相对湿度（a 虚线）和此后 6 h 降水（b）

冷涡减弱阶段 500 hPa 涡旋环流明显减弱，对流层低层辐合线有明显的变化，这些变化直接影响对流的发生。11 日 14—20 时，虽然 500 hPa 冷涡环流减弱，但由于环流变化导致的正涡度平流在对流层低层诱发了两个气旋式中尺度环流，一个较强位于辽宁西部，一个较弱位于辽宁东部，对流有效位能区位于辽宁中东部，925 hPa 湿区也在辽宁东部，但 850 hPa 对应东西两个湿区，分别与两个气旋式环流相匹配，并分别对应强对流，所以东部对流降水对应对流有效位能区与 925 hPa 湿区的重叠区，而西部对流性降水不对应对流有效位能区，对应着中尺度气旋和 850 hPa 湿区。由于这里用的是地面对流有效位能，强度比较小，而 850 hPa 可能对流有效位能较大。12 日 02 时对流有效位能很小，无对流发生。12 日 08—14 时，对流有效位能区和 925 hPa 湿区的重叠区大于对流降水区，对流的发生还取决于对流层低层辐合线，分析发现对流降水区对应辐合线附近 CAPE 大于

200 J/kg 区与相对湿度大于 80% 的重叠区（图 3-4-3）。12 日 20 时，辽宁大部为对流有效位能区，东部为湿区，但基本没有发生降水，分析对流层低层环流，不对应辐合线或切变线，一般为偏南风，由于无动力触发条件，因此没有对流发生。13 日 02 时受日变化的影响，没有对流有效位能区，也没有出现降水。13 日 08 时同样由于对流层低层没有辐合线，虽然对应对流有效位能区和湿区，但仅在东部对应局部降水。从上面分析可以看出，由于减弱期冷涡环流减弱，对流降水与对流层低层辐合线有很大关系，若没有明显辐合线提供动力触发条件，一般不对应降水。对流降水一般发生在辐合线附近大于 200 J/kg CAPE 区与大于 80% 相对湿度的重叠区域，这 3 个条件需同时满足。对流有效位能有明显的日变化，对应降水也有明显日变化，对流降水一般发生在午后到前半夜。此后由于冷涡无冷空气补充，冷涡逐渐变性，地面气温升高，虽然对流有效位能总体较成熟期和减弱期增大，而且对流层低层一般对应湿区，但由于对流层低层无明显辐合线，一般为较强偏南风，所以一般对应弱的局部降水，在预报当中，要注意根据低层环流对强的有效位能区进行订正。冷涡过程结束后，可能又有新的冷涡生成东移，本次冷涡过程结束后，西风槽影响辽宁，带来系统性降水。

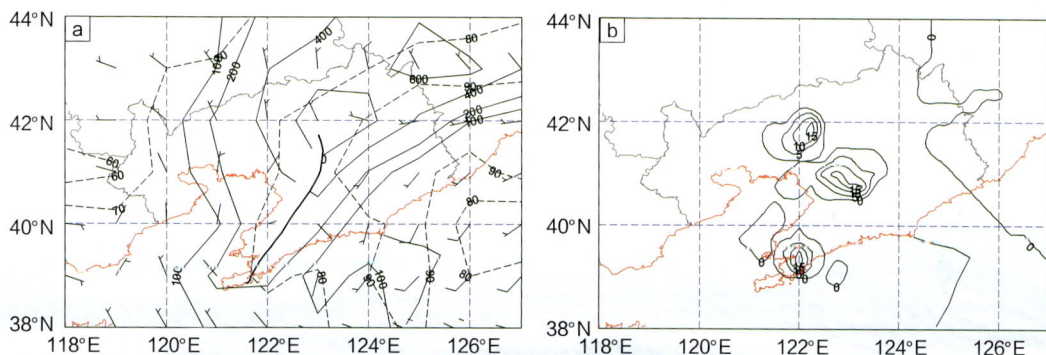

图 3-4-3　减弱阶段（2005 年 7 月 12 日 08 时）CAPE（a 实线）、925 hPa 相对湿度（a 虚线）、风场（a）、辐合线（a）和此后 6 h 降水（b）

所以对流有效位能与对流降水有复杂的对应关系，对流有效位能区一般大于或接近对流降水区。由于冷涡不同发展阶段的动力、热力、水汽分布特性有所不同，导致影响对流的敏感性因素也不同。对流有效位能作为基本影响因子在不同阶段需要与不同的其他条件来配合，才能产生对流，若这些条件不具备，仅有不稳定能量也难以产生对流。所以对冷涡分阶段考虑不稳定能量与降水的关系是非常必要的。

4.2　个例检验

以上结论是从一个典型个例得到的，有必要对其适用性进行检验。每年的 6 月是东北地区冷涡最活跃时期，常常伴随强对流的发生。随机从 2006 年 6 月选取了 2 个冷涡个例，分别为 6 月 7—11 日；6 月 12—18 日。下面从冷涡各发展阶段不稳定能量的分布、不稳定能量与降水落区的关系检验前面的结论。由于只有辽宁省的 1 h 雨量资料，所以主要分析冷涡对辽宁的影响。

4.2.1　个例 1（6 月 6—11 日）

本次冷涡个例涡旋环流首先在蒙古东部生成，然后东南下影响辽宁，继续南下减弱。分析环流演变 6 月 6 日 08 时到 7 日 20 时为发展阶段；到 10 日 08 时为成熟阶段；到 11 日 08 时为减弱阶段。发展阶段对流不稳定能量基本分布在冷涡中心东南部，个别时次扩展到冷涡中心南部，这可能与本次过程冷涡南部槽区比较宽广有关。成熟阶段对流不稳定能量依然分布在冷涡中心东南部。减弱期对流不稳定能量分布在低压带中的偏南气流区域。与前面的结论基本一致。分析发展阶段的对流不稳定能量，6 月 7 日 14 时，辽宁全部位于弱的 CAPE 区，而 0.006 kg/（m·s）的等水汽通量线在辽宁西部穿过，该线以东对应的辽宁区域水汽通量均大于 0.006 kg/（m·s），根据前面的结论，0.006 kg/（m·s）等水汽通量线以东区域即为降水落区，继续分析 6 月 7 日 14 时到 20 时辽宁省 6 h 雨量，降水落区的西部边缘与 0.006 kg/（m·s）等水汽通量线非常吻合，除辽南个别站点未出现降水外（对应 <50 J/kg 的弱 CAPE 区），其他区域均出现降水。成熟阶段，6 月 9 日 20 时，大于 100 J/kg 的 CAPE 区位于辽宁中部到东部区域，大于 80% 相对湿度区域位于辽宁东部，按照前面的结论，降水区应该位于辽宁东部地区，其后 6 h 的实况降水位于辽宁东北部，较预报区域稍偏北，但预报和实况降水区域的大小非常一致。减弱阶段，6 月 10 日 14 时，大于 200 J/kg 的 CAPE 区位于辽宁中部到东部区域，大于 80% 相对湿度区域位于辽宁东部边缘，南北风切变线位于辽宁东部，按照前面的结论，辽宁东部边缘对应降水区，实况辽宁东部边缘对应降水，但辽西局地也出现了弱的降水。

4.2.2　个例 2（6 月 13—18 日）

上次冷涡过程结束以后，在蒙古东部又有新的涡旋生成，6 月 13 日 08 时到 15 日 02 时为发展阶段，此阶段辽宁主要受涡南部低压槽影响；随后冷涡中心东南下，辽宁受涡旋控制，从 6 月 15 日 08 时至 17 日 02 时为成熟阶段；此后冷涡减弱向东北方向移出，6 月 17 日 08 时到 18 日 08 时为减弱阶段。发展阶段不稳定能量分布在冷涡中心东南部到东部区域，但比较弱；成熟阶段不稳定能量迅速增强，分布在冷涡中心东南部，这与中高层冷空气向东南爆发有关；减弱阶段，冷涡中心减弱东北移，辽宁受其南部低压槽影响，不稳定能量分布在低压槽中，虽然冷涡环流向东北移出辽宁，但由于冷涡中心依然比较强，在冷涡中心东南部、后部存在零散的不稳定能量区。

分析发展阶段 6 月 13 日 20 时的对流有效位能和 925 hPa 水汽通量，CAPE 区和大于 0.006 kg/（m·s）水汽通量区的西部边缘基本重合，稍微较其后 6 h 降水落区西部边缘偏东，大于 0.006 kg/（m·s）水汽通量区覆盖了辽宁其他部分，而 CAPE 区在辽宁东部边缘有一缺口，此区确实未对应实况降水，所以降水落区预报比较准确。成熟阶段，6 月 16日 14 时，大于 80% 相对湿度区和大于 100 J/kg CAPE 区较其后 6 h 降水实况区略小。减弱阶段，6 月 17 日 20 时，大于 80% 相对湿度区和大于 200 J/kg CAPE 区的重叠区域很小，位于辽宁东北角，实况该区域有 2 个站下了阵雨。

从这 2 个个例的分析可以看出，前面得到的结论基本适用，但在具体应用中还需要综合考虑其他因素，本结论可作为对流有效位能在东北冷涡降水预报中的应用参考。

5 小结

从冷涡位置来看，环流中心能够到达辽宁的冷涡基本都是冷空气深厚的深冷型冷涡，根据 500 hPa 冷涡环流的移动特征和强度变化，深冷型冷涡可分为 3 个阶段：发展期、成熟期、减弱期。通过 3 个典型个例分析可知，冷涡发展期接近温带气旋结构，有明显锋区，以锋区湿斜压不稳定降水为主，而冷涡环流内部无明显降水，冷涡环流内部降水多发生在冷涡成熟期及减弱初期，由于环流内冷空气深厚，大气斜压性弱，以分散的对流性降水为主，且多位于冷涡环流的东北部、东部到南部区域，该区域在对流层低层易形成辐合区，风场的水平辐合有利于激发垂直上升运动，如果有好的水汽和不稳定能量条件配合，会产生明显降水。

在边界层东北冷涡一般对应从北太平洋延伸而来的湿冷舌，发展阶段湿冷舌位于低压北部，环流内处于干区，涡区干线明显。随着冷涡发展，边界层冷空气入侵范围逐渐扩大，冷涡内干湿对比逐渐减小，干线消失，冷涡环流降水一般发生在干线前的湿区内，强降水主要位于湿区内的切变线或辐合线及其前部。

在 700 hPa 以下，显著湿区通常用表征大气饱和度的温度露点差场来分析，通过比较700 hPa、850 hPa 和 925 hPa 三层显著湿区与冷涡环流内部降水的关系，发现 925 hPa 的温度露点差与降水落区和大小有很好的对应关系。冷涡环流降水发生在 925 hPa 上温度露点差低于 5℃的显著湿区内，小于 1℃的湿区中心多数会对应降水中心，湿区内切变线和辐合线的抬升作用是强降水出现的重要条件。

深冷型冷涡对流不稳定能量不同时期分布存在差异。发展期和成熟期对流有效位能位于冷涡环流东到东南部，但成熟期更靠近冷涡中心，减弱期位于低压带中。冷涡环流内部降水多发生在对流有效位能区或对流有效位能与 925 hPa 湿区的交汇处，并且与对流层低层切变线或辐合区对应的强对流有效位能更易触发强对流天气，该区域往往与降水中心区对应。

通过对过冷涡环流内部纬向和经向垂直剖面分析可知，成熟期冷空气已经侵入冷涡环流内部，在对流层中低层冷涡中心区为湿冷区，大气层结稳定，不利于对流降水发生；冷涡环流北部和西部地区有时有弱的垂直上升速度，因此，该区域一般只出现弱降水；冷涡南部和环流区东部对流层低层是暖湿区，南部湿区内有时有向南倾斜的弱锋区，对流层中层为干冷区，这种上层干冷下层暖湿的大气不稳定层结很容易产生对流不稳定，因此，冷涡南部和环流区东部是强对流降水易发区，但冷涡环流型分布不同其强降水落区也存在差异，当冷涡环流表现为长轴为纬向分布的椭圆形时，对流性降水易发生在冷涡环流区内东部和冷涡南部，当冷涡环流是长轴经向分布的椭圆形结构时，冷涡环流区内南部和东部是对流性降水易发区。

第四篇

东北冷涡中尺度对流系统动力结构模拟

▶ ▶ ▶

中尺度对流系统在东北冷涡各发展阶段均可能诱发，其带来的强烈天气例如洪暴、雷暴、冰雹、大风等危害巨大，一直是东北冷涡预报的难点。从第二篇的分析可以看出，东北冷涡在发展阶段大多是温带气旋，在夏季常对应混合型降水，中尺度对流系统分布于大范围降水区中，由于尺度较大，移动性明显，可预报性较强，而东北冷涡更为典型的天气是突发性强对流，MCS 生成、发展都非常迅速且生命史较短，这类东北冷涡个例是研究的重点，2002 年 7 月 11—15 日东北冷涡就是一个非常典型的诱发孤立 MCS 的个例。本项目应用中尺度模式对其进行了数值模拟，分析其中尺度系统动力结构及对流的触发机制。

1 模式简介

1.1 模式范围

图 4-1-1 为本文所选的模式范围，由两层套网格组成。粗网格格距 30 km，中心点

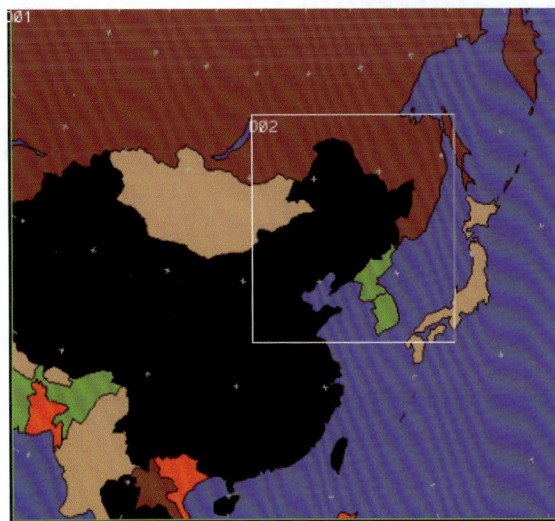

图 4-1-1 模式套网格区

116°E，42°N，范围 238×179；细网格格距 10 km，中心点 123°E，42°N，范围 217×201。模式垂直分层 23 层。粗细网格所用的地形分辨率分别为 10′（19 km）和 5′（9 km）。10 km 的格距足以分辨中尺度系统。

1.2 模式初值及侧边界的生成

为使模式所用的初猜场和侧边界与模式的动力过程更为协调，本文首先设计了一个分辨率为 90 km 的预备模式，该模式从正式模式初始时刻前 12 h，即 2002 年 7 月 11 日 20 时开始积分 36 h，以国家气象中心的 T213 模式输出产品为初始场和侧边界，采用 3DVAR 技术对前 12 h 的常规探空资料、地面资料进行同化，形成初始场，另外还同化部分云导风、TOVS 反演资料。以该模式的输出作为模拟模式的初猜场和侧边界。模拟模式同样采用 3DVAR 技术同化常规探空资料、地面资料、云导风、TOVS 反演资料生成初始场，粗细网格间双向嵌套。从 2002 年 7 月 12 日 08 时积分 24 h，对本次过程进行模拟。虽然所用资料分辨率较低，T213 模式产品分辨率为 1°×1°，探空资料分辨率一般为 300 km，地面资料一般为 100 km，由于在适当的初始条件下，模式的物理过程可以强迫中尺度对流系统，较成功地模拟出中尺度的对流风暴。

1.3 物理过程

积云参数化方案——Grell 方案。Grell 方案是一个基于大气稳定度和准平衡假设的简单的单云方案。上曳和下曳气流及补偿运动决定大气温湿变化廓线，同时考虑了切变对降水的影响，适合于 10～30 km 分辨率模式。

云物理方案——混合相方案。该方案是在暖云方案中增加了冰相过程，考虑了过冷却水及冻结层下雪的融化。用 5 个诊断方程描述水汽、云水、雨水、云冰、雪的融化。

辐射方案——云辐射方案。该方案简单计算了由于晴空散射和水汽吸收，以及由于云的反射和吸收引起的向下短波辐射通量。

行星边界层方案——高分辨 Blackadar 方案。该方案包含有 5 个模式层对贴地层、近地面层和埃克曼层进行分别处理，并包含自由对流混合层。

陆面过程——5 层土壤模式。该模式对 1 cm、2 cm、4 cm、8 cm、16 cm 层土壤温度预报。

2 数值模拟结果分析

2.1 降水

利用中尺度模式从 7 月 12 日 08 时积分 24 h 对本次过程进行了数值模拟。图 4-2-1 为模拟的 24 h 降水量，与实况（图 4-2-2）比较，在辽宁省，东西向雨带的范围、形状基本类似，强降水区的预报强度与实况也基本一致，实况 60～79 mm，预报为 50～61 mm，都属于暴雨量级。但模式在黄海北部和朝鲜交界区预报了一个降水中心，由于海上无观测资料，难以判别其真伪。具体对比分析沈阳站 1 h 降水量，19 时之前预报、实况均无降水；19—20 时预报 17 mm，实况 27 mm；20—21 时预报 35 mm，实况 46 mm；21 时以后预报、实况均基本无降水，模拟的降水时段符合很好，短时暴雨量级（1 h 10 mm 以上）也预报正确。

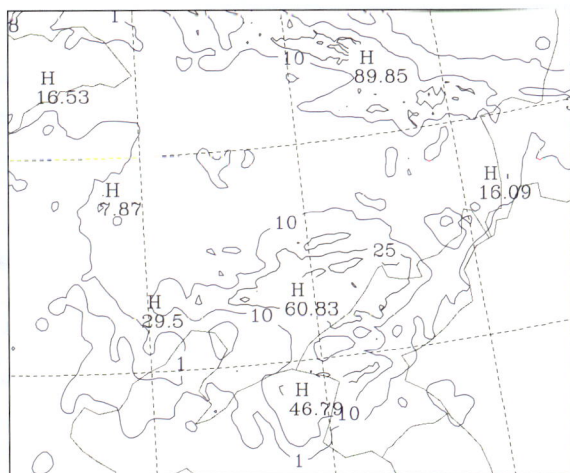

图 4-2-1　控制试验模拟的 24 h 降水量

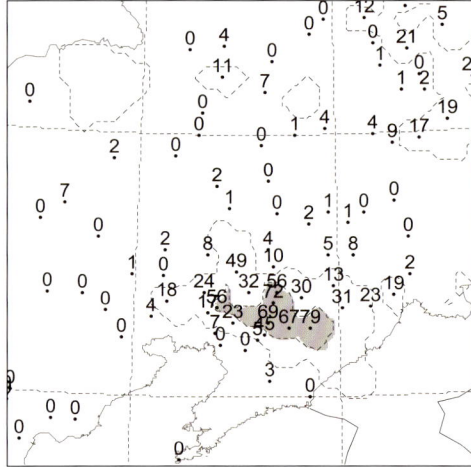

图 4-2-2 2002 年 7 月 12 日 24 h 降水实况

2.2 环流形势

为分析天气系统的模拟情况，下面分别以 200 hPa、500 hPa、850 hPa 作为对流层高层、中层和低层的代表层进行分析。图 4-2-3 为模拟的 7 月 12 日 20 时 200 hPa、500 hPa、850 hPa 环流形势，200 hPa 东北上空涡旋环流范围，中心强度和位置与实况是

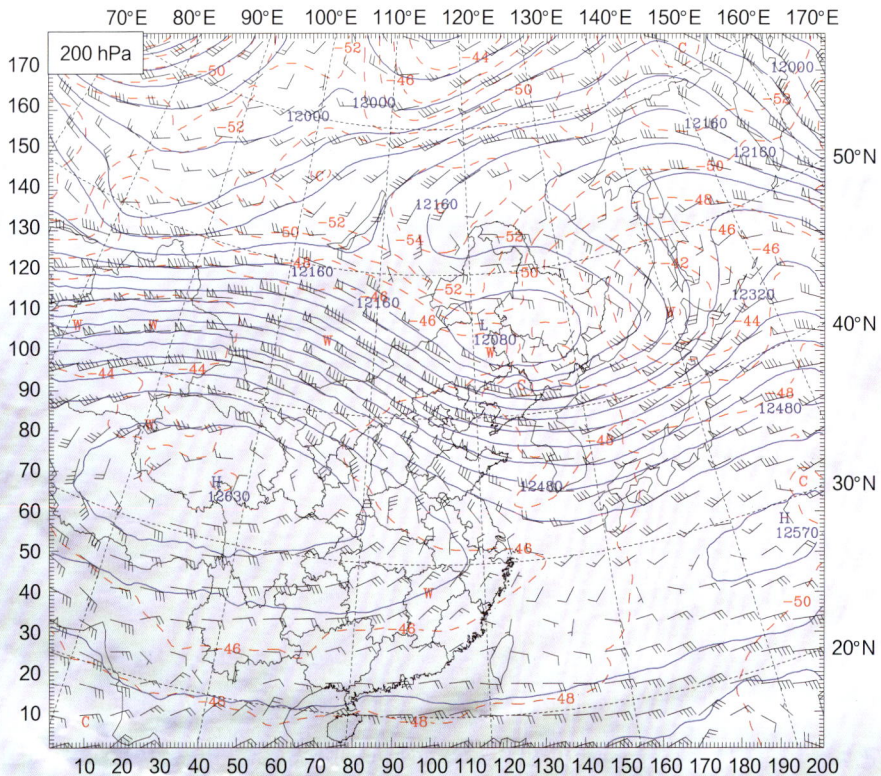

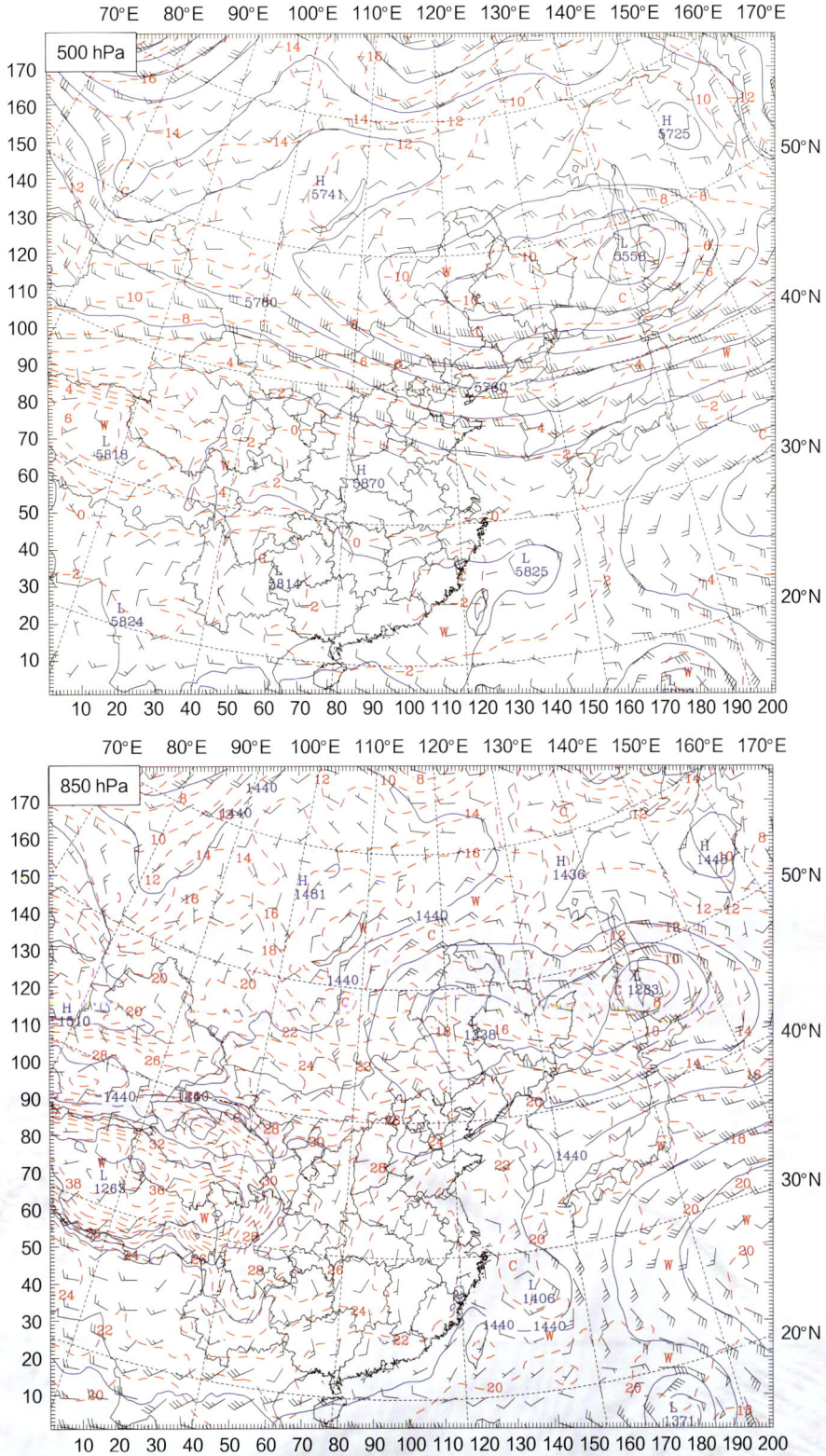

图 4-2-3　模拟的 20 时天气尺度环流形势

一致的；南亚高压中心位置和强度与实况一致；二者之间的副热带急流强度和走向，辽宁所处的急流出口区的辐散流场也基本一致；500 hPa 东北冷涡区范围、2 个中心位置和强度、吉林辽宁上空冷中心及冷涡南部锋区的位置和强度都基本一致；850 hPa 低压中心位置和强度、切变线位置和走向及切变线前暖脊的位置和强度也基本一致。进一步进行一些简单的诊断分析，模拟的 500 hPa 锋区强度大值中心为 14.3×10^{-5} ℃/m，位于辽宁省，实况中心为 13.0×10^{-5} ℃/m，也位于辽宁省，模拟强度稍强；200 hPa 副热带急流中心模拟强度为 55.0 m/s，位于蒙古与内蒙古中部交界处，实况位于内蒙古中部，强度为 52 m/s，所以副热带急流强度基本一致。简单对比 850 hPa 比湿场，辽东的湿舌与从蒙古伸来的干舌形成的干线都很接近，预报的比湿中心为 11 g/kg，实况为 14 g/kg，稍偏小，这可能是降水预报偏小的一个原因。

3 垂直温湿层结

对流层低层湿层是强风暴发生的必要条件。从模拟的沈阳站温度、露点廓线演变来看，由于对流层低层暖湿气流的增强和辐合，800 ～ 900 hPa 湿度随着天气系统的临近在不断增加：2002 年 7 月 12 日 08 时 850 hPa 温度露点差为 14 ℃，14 时降至 10 ℃，16 时 7 ℃，20 时以后接近饱和。对流层中低层干暖盖在对流爆发前一直维持，08 时位于 660 hPa 附近，温度露点差达 50 ℃，非常干燥，以后强度迅速减弱，高度逐渐降低；14 时干暖盖降至 740 hPa，温度露点差为 14 ℃，以后 700 hPa 的温度露点差一直保持 10 ℃ 以上，直到风暴发生时才突变为饱和层。这是由于冷涡中高层冷空气明显超前于低层，500 hPa 干冷空气入侵，下沉绝热增温导致 700 hPa 附近干暖盖的形成和维持，干暖盖抑制了低层能量的向上逸散，使低层增湿，不稳定能量积累，一旦触发，爆发强对流天气。强对流天气爆发使中层干层破坏，加速了高低层物质及能量的交换，使整层饱和。

潜在不稳定也是发生强对流的必要条件，图 4-3-1 为模式模拟的 2002 年 7 月 12 日沈阳附近西南—东北向剖面演变图，虚线为静力稳定度 $\left(\frac{\partial \theta}{\partial Z}\right)$，实线为潜在稳定度 $\left(\frac{\partial \theta_e}{\partial Z}\right)$。

可以看出 12 日 09 时对流层低层（地面至 900 hPa）就维持较强的潜在不稳定层，中心为 -30.3 K/km，而对流层中层（500 hPa 附近）以上为潜在稳定层结，并对应弱下沉气流，同时发现潜在不稳定中心和潜在稳定中心均对应静力稳定中心，由此可见低层湿层及中层干层都非常明显，中层干冷空气下沉及低层暖湿气流爬升导致低层能量不断积累。随着系统的发展，低层潜在不稳定度变化不大，但有抬升的趋势，不稳定层位于 850 ～ 700 hPa，但中层仍维持下沉气流。直到 18 时即风暴发生前 1 h，大范围的西南上升气流增强，500 hPa 也由下沉气流转变为上升气流，潜在不稳定层继续抬升，其上的稳定层结更薄，强对流一触即发。19 时强对流已经爆发，中层稳定层结被强大的上升气流突破，风暴后部出现强大的下沉气流，在低层形成稳定层结。由此可清楚地看出不稳定能量的积累和释放过程，与前面提到的能量积累机制是相同的。所以中层干冷空气下沉及低层暖湿气流爬升是东北冷涡强对流不稳定能量积累的重要机制。另外除了垂直方向 θ_e 的差异造成的层结不稳定外，水平方向能量锋区同样明显，随着能量锋区的加强，低层干线形成，对激发中尺度次级环流起到一定作用，强对流即发生在低层能量锋区上。

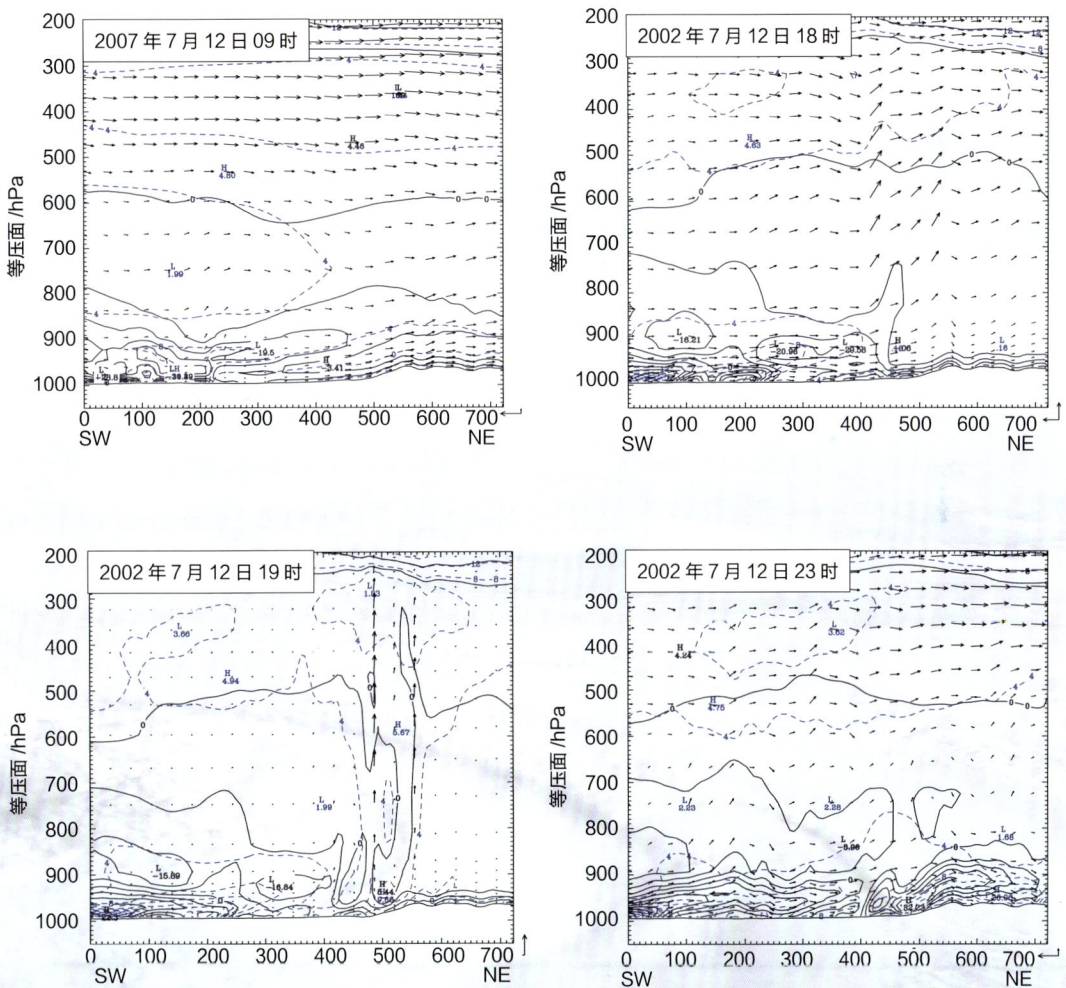

图 4-3-1　模拟的沈阳附近西南—东北向剖面演变（横坐标：距离，单位：km；纵坐标：气压，单位：hPa；实线潜在稳定度，间隔 6 K/km；虚线静力稳定度，间隔 4 K/km）

　　湿位涡可反映条件对称不稳定，对比 19 时即风暴爆发前湿位涡与潜在稳度，可以看出它们分布非常相似，也就是潜在稳定度就基本解释了湿位涡，说明本次冷涡强对流是由层结潜在不稳定引起的，即对流的发生是垂直的，而不是倾斜上升。

　　图 4-3-2 为沈阳附近 T-$\log P$ 演变图（细线露点，深粗线层结曲线，浅粗线状态曲线），清楚反映了不稳定能量的积累和释放过程。08 时 CAPE（对流有效位能）仅为 304 J/kg，CIN（对流抑制能量）为 −258 J/kg，垂直温度递减率为 5.7 ℃/km，抬升指数 0.3，K 指数 14。随着高层干冷空气的入侵，低层暖湿气流的加强及太阳辐射地面增温影响，12 时 CAPE 达 495 J/kg，CIN 为 −490 J/kg，垂直温度递减率增至 7.0 ℃/km，抬升指数增至 −2.3，K 指数增至 24。虽然地面气温在不断升高，但 700 hPa 干暖盖的维持使抬升凝结高度也升高，CIN 维持。直到 17 时抬升凝结高度开始降低，此时 CAPE 增至 1242 J/kg，垂直温度递减率增至 7.6 ℃/km，抬升指数增至 −5.3，K 指数增至 31。强风暴爆发前夕的 19 时，CIN 降至 172 J/kg，CAPE 增至 2570 J/kg，垂直温度递减率为 7.4 ℃/km，抬升指数增至 −8.8，K 指数增至 38，形成非常强的对流不稳定层结。强风暴发生中的 20 时，不稳定能量迅速释放，CAPE 突降至 425 J/kg，地面气温迅速下降至 24.3 ℃，其他指数也迅速下降，所以不稳定能量的积累是一个较长的过程，而能量的释放是一个非常短暂的过程，不足 1 h。在实际天气预报中，由于强对流系统时间尺度较小，而本文作者只有 08 时、20 时的探空资料，若单纯参考这两个时次的 T-$\log P$ 图，难以做出有强对流的天气预报。从 12 日 20 时实况 T-$\log P$ 图可以看出与模拟情况非常相似，此时深对流已发展到顶点，对流有效位能已经释放，层结基本为中性。

　　12 日 08 时对流有效位能及各项强对流指标也不明显，而对流发展阶段的层结没有实况观测。所以应用层结曲线时必须注意根据其他资料判断风暴可能发生时间，考虑地面增温、增湿，中层降温等因素将曲线订正为风暴发生前的状态，才能较准确地预报对流强度、性质。中尺度数值模式高分辨输出产品是解决此问题的有效手段。

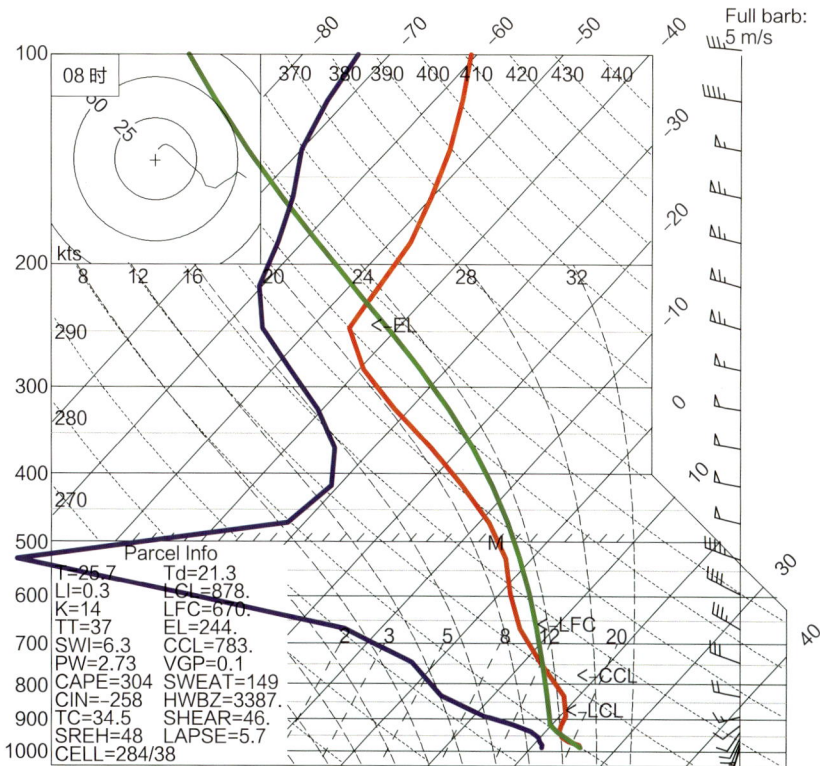

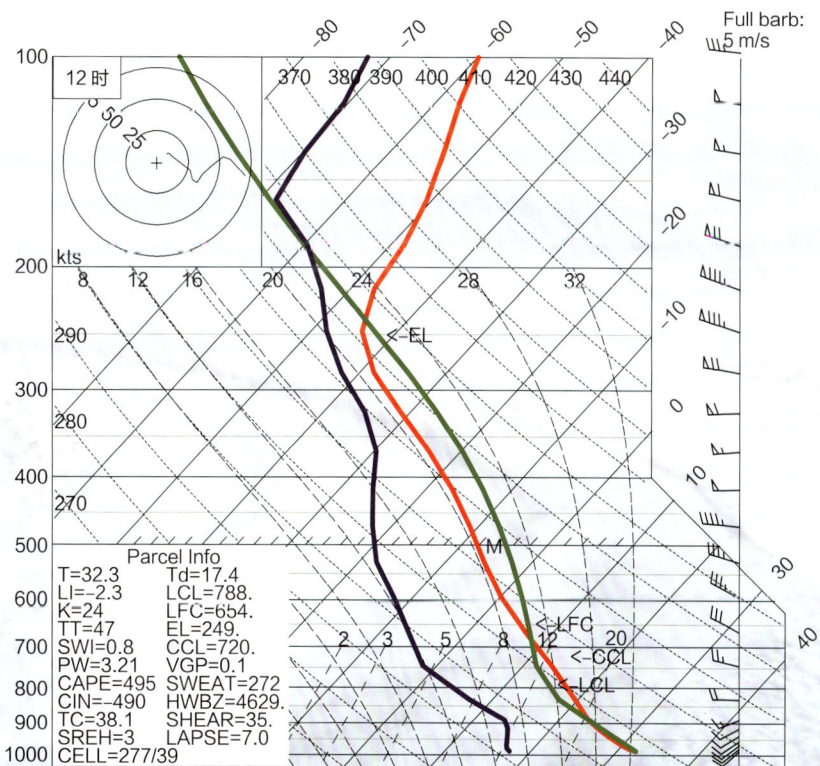

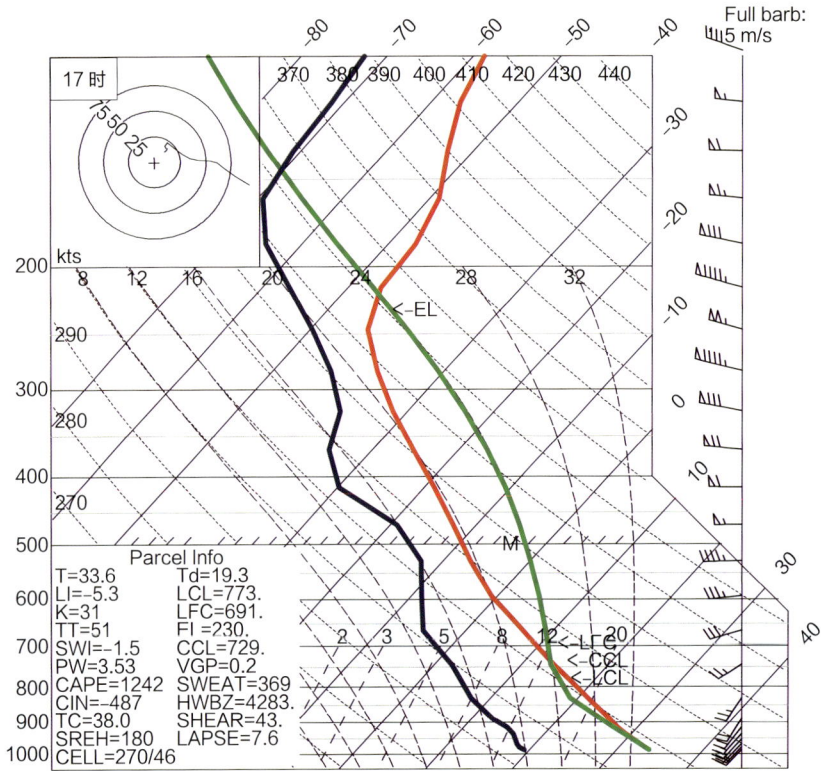

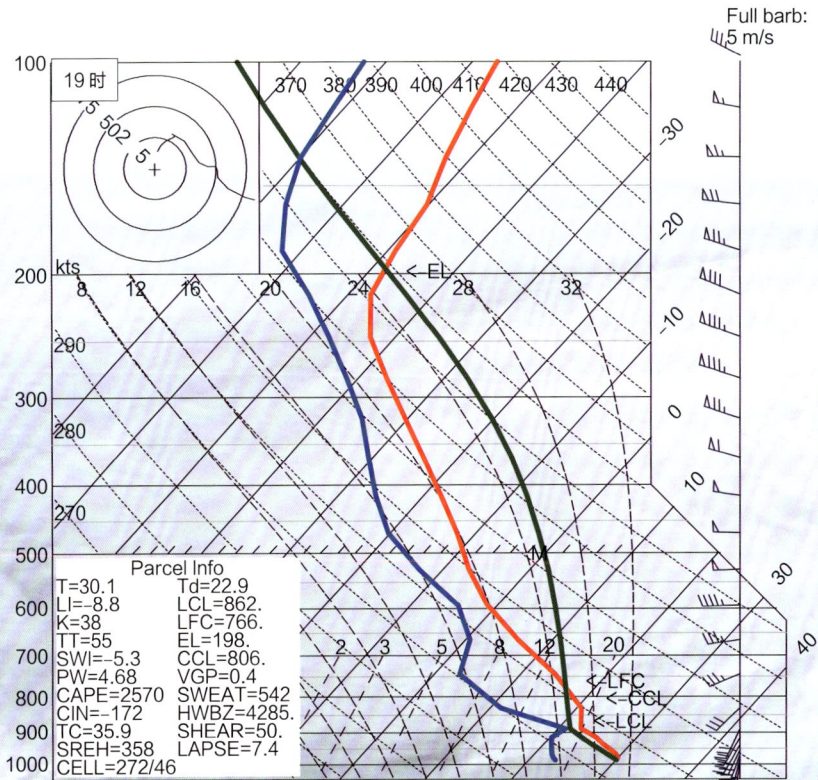

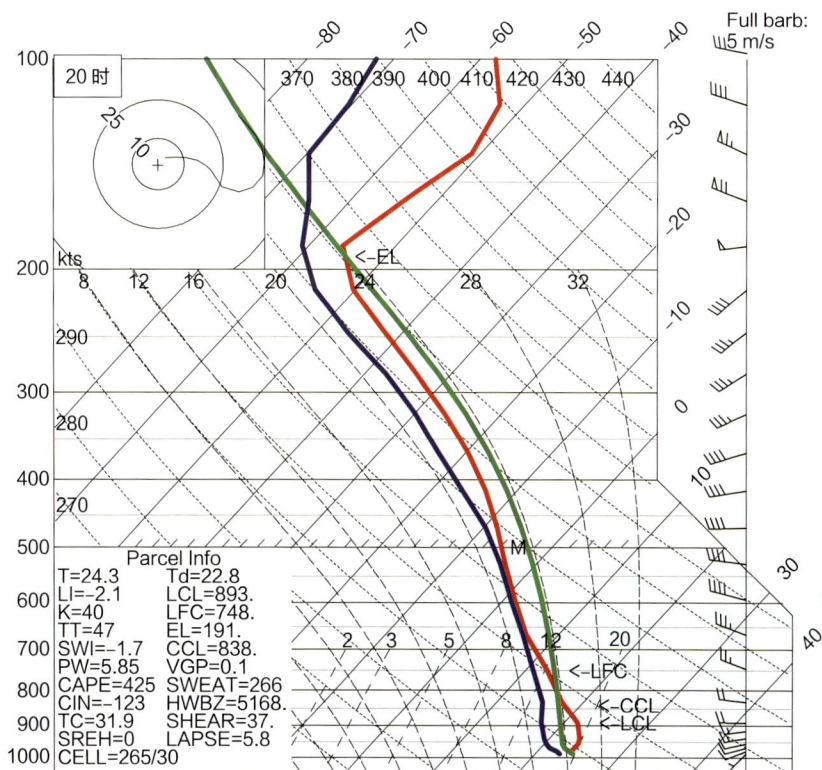

图 4-3-2　模拟的沈阳附近 T-$\log P$ 演变图

4　风垂直切变

　　强的风垂直切变与强风暴相互作用可以促进强风暴的发展与维持（Newton）。由图 4-4-1 可以看出在风暴发生前，0～6 km 风垂直切变变化非常小，一直维持西南风到西北风的切变。由于中层以上辽宁附近急流明显，所以垂直方向风速切变较大。0～6 km 风向随高度顺转 90°，切变大小为 12 m/s，平均垂直风切变大小为 $40×10^{-2}/s$。随着风暴的临近，18 时 0～6 km 风垂直切变方向开始逆转，由西北向转为偏西向，19 时转为西南向，20 时即风暴发生时转为偏南向，21 时以后又逐渐顺转为西北向，过程结束。风暴发生前持续的西南到西北的风垂直切变可以增加高低空的温度差动平流，加剧层结不稳定，风暴临近风垂直切变的增强必然强迫强的热成风，增加大气的斜压性，产生斜压不稳定，另外，风暴临近风垂直切变的快速变化，使热成风不平衡也能通过激发垂直环流以适应其变化。风垂直切变方向的逆转反映了强对流爆发前冷空气或锋区的变化，随着中低层切变线的东移，冷涡冷空气迅速从东北向西北逆转，强对流随之爆发。上升气流和垂直风切变环境之间的相互作用能够产生附加的抬升作用，使风暴进一步加强和维持。强降水产生后，低层强的风垂直切变可抵消强下沉气流在近地面产生的冷丘导致的倾斜上升气流，维持垂直对流。从 12 日 20 时实况 T-log$P$ 图可以看出，925 hPa 到 850 hPa 风切变非常大，从东南东风到西南风顺转达 110°，但 850 hPa 到 400 hPa 基本是西南风，CAPE、CIN 均很小，与模拟情况非常相似。

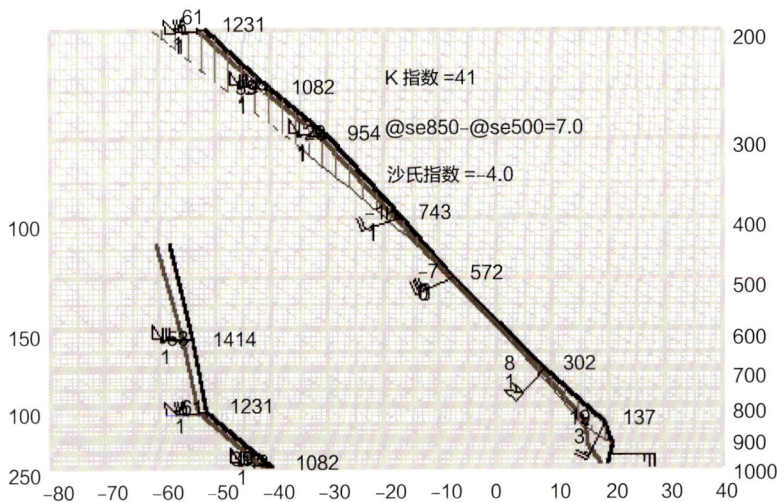

图 4-4-1 2022 年 7 月 12 日 20 时沈阳 T-log$P$ 实况

风暴发生时 0 ~ 6 km 风垂直切变转变为低层东南风到中高层西南风的切变，可以激发风暴相对气流的产生和维持，即风暴云内低层东南入流和高层西南出流更为有效，使风暴加强维持。风暴相对螺旋度（SRH）反映了相对风暴气流及风垂直切变的强度，分析其演变可以看出其大值中心与风暴强度有较好的对应关系，很好地反映了风暴的强度及移动路径。在本个例中其路径更接近真实风暴的路径，进一步说明了风垂直切变与强风暴的密切关系，但需要注意风暴未生成时也存在 SRH 中心。

5 中尺度系统演变分析

5.1 气压场的演变

本文较成功地模拟了中尺度气压场。图 4-5-1 为海平面气压场、地面风场演变图。2002 年 7 月 12 日 08 时，高空冷涡对应的地面低压中心位于黑龙江和吉林交界，西南向的低压带延伸到华北，蒙古高压脊向东南延伸，但锋面并不明显，海上是副热带高压，整个模拟区域内无明显中尺度系统活动。13 时低压中心南部低压带中出现中尺度气旋性环流，对应卫星云图有中尺度云团生成，但没有出现强对流天气，云团随后东移减弱，到14 时中尺度环流消失。15 时随着系统发展和地面辐射增温的影响，冷涡低压带内出现次天气尺度的低压中心。16 时低压带内新生出中尺度辐合带，并对应弱的中尺度气压系统。17 时对流性降水开始出现，同时出现中尺度高压，随着对流的发展，中尺度高压明显加强，并开始东移。可以看出辽宁西部山区有利于中尺度扰动的产生和加强，中高压是伴随着对流的产生而产生的，对流强迫、降水拖曳蒸发冷却是其形成的主要原因。

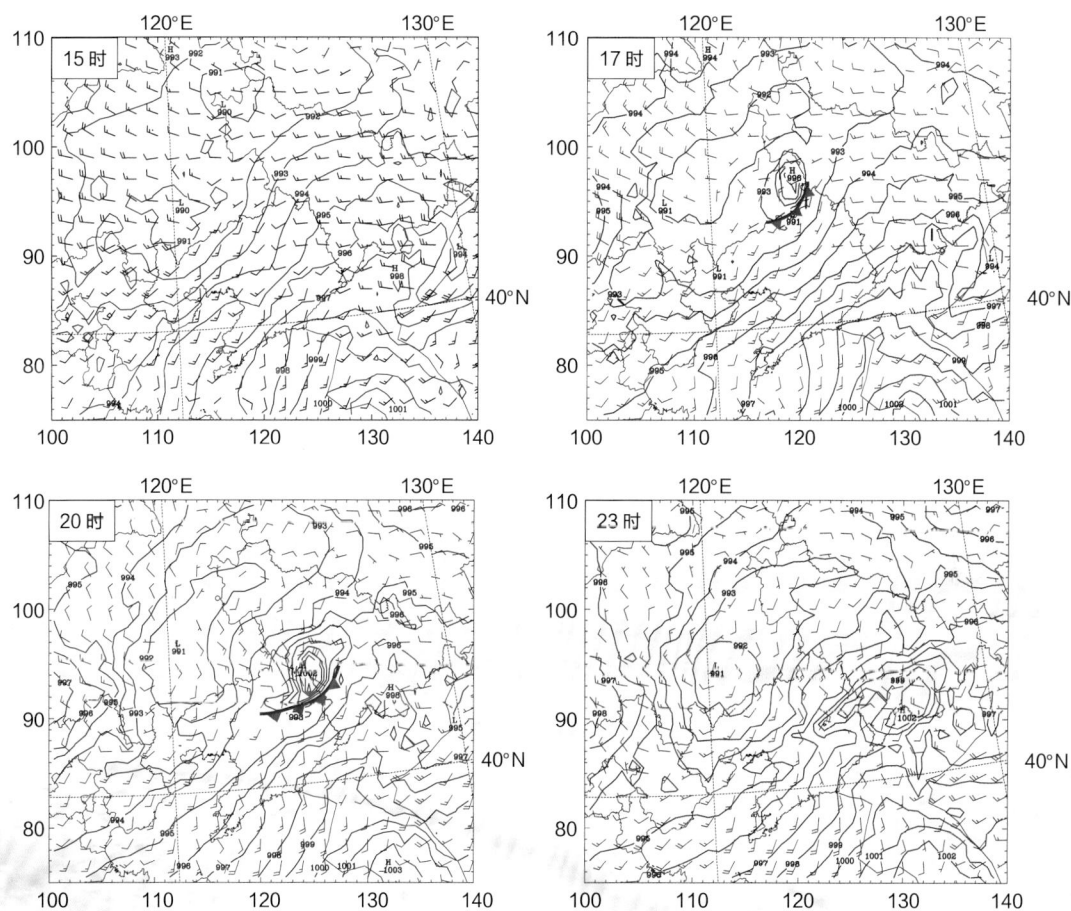

图 4-5-1　模拟的 2002 年 7 月 12 日地面中尺度系统演变
（实线为海平面气压场，间隔 1 hPa；粗黑线锋面为阵风锋）

　　17 时随着内蒙古东部到辽宁西北部对流的产生东移，雷暴高压开始出现，19 时中高压移至沈阳西北部，对应较强的反气旋式环流，降水落区基本与中高压重合，其北部出现中低压，即尾随低压，东北部虽然没有闭合低中心出现，但对应明显的低压带并有中尺度气旋式环流，即前导低压，两低压的强度明显较雷暴高压弱。

尾随低压没有出现在风暴移动方向的后方，而始终位于中高压北部。后面将进一步分析三个系统的关系。20 时中高压继续加强，中心达 1002 hPa，其东部到西南部对应切变线低压带，切变线南部宽广的偏南气流区为强对流提供很好的暖湿条件。雷暴高压强大的下沉辐散气流在雷暴高压东南部形成的阵风锋加强了切变线及其前部偏南气流的强度。可以看到中尺度系统分布在冷涡主体低压前部的西南气流中。23 时以后随着中高压的东移减弱，范围扩大逐渐融入天气尺度系统，过程结束。图 4-5-2 为强对流发生期间地面中尺度对流系统和对应前 1 h 降水的演变，可以看出中高压与强降水有很好的对应关系，中高压伴随强降水而出现，降水拖曳及蒸发冷却是其形成的重要原因。

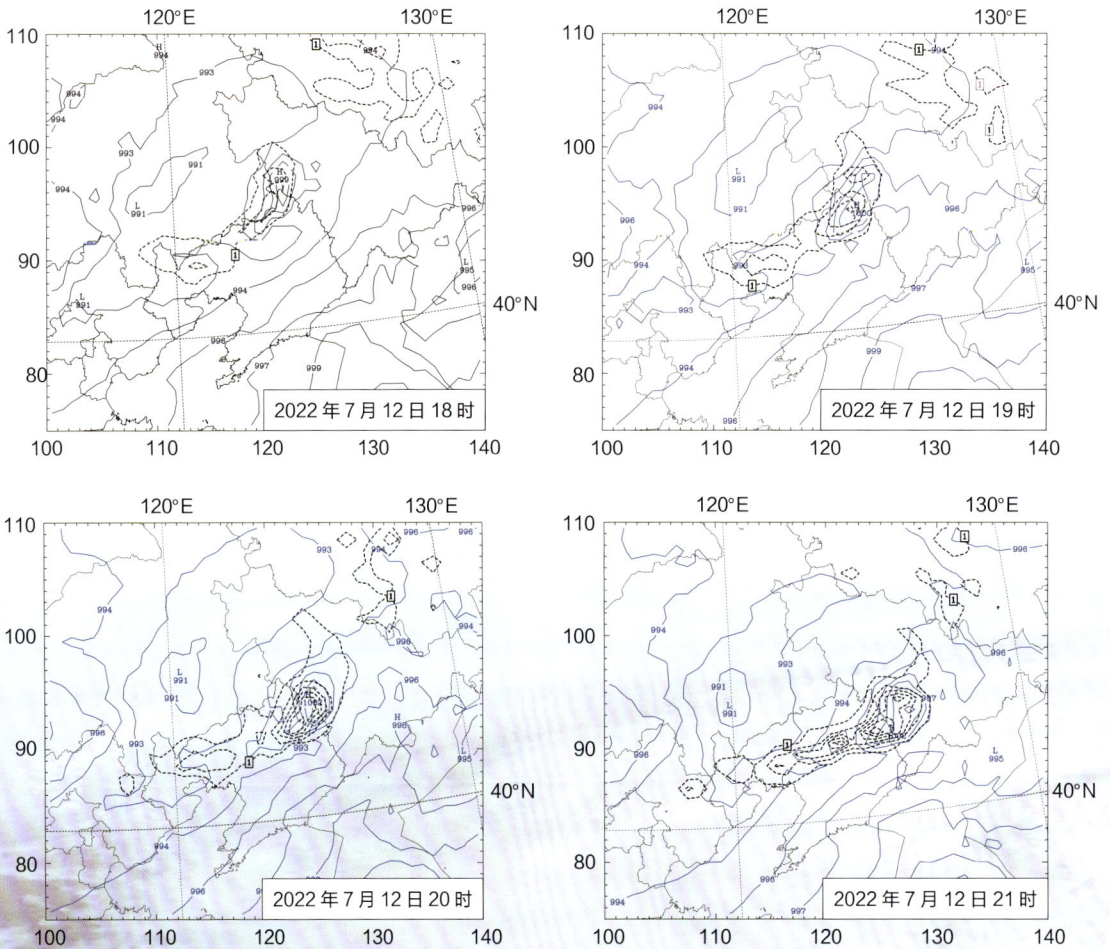

图 4-5-2 地面系统和降水演变（实线为海平面气压场，间隔 1.5 hPa；虚线为 1 h 降水量，间隔 5 mm）

5.2 中 β 结构的演变

从数值模拟结果跟踪中尺度对流系统（MCS），可以看出强烈的中尺度对流活动，中尺度系统自西向东移动，依据对流系统上升运动强度可将其演变划分为 3 个阶段：14—18 时为发展阶段，19—21 时为成熟阶段，22—23 时为消退阶段。云图上中尺度云团的尺度约 300 km，但强中尺度雨团的尺度非常小，约 30 km，这是由于对流上升气流非常集中，暖湿空气到达对流层中上部稳定层结积聚随高空外流扩散，形成较大云盖。

5.2.1 发展阶段

图 4-5-3 为发展阶段南北向剖面演变图，实线为相对涡度线，阴影为干静力稳定度。14 时受大尺度环流及地形抬升的影响，从南到北暖湿倾斜上升气流已经建立，但由于中层层结非常稳定，到达 600 hPa 时与干冷的西北风辐合，一部分上升，一部分下沉到地面形成波状流。可以看出由于大尺度的抬升较弱，不足以冲破中层稳定层结（干暖盖），处于低层不稳定能量积累阶段。但对于潜在不稳定层结，大尺度的抬升可以使其变为不稳定层结，所以能够产生有助于发展深对流的环境。16 时随着地面中尺度扰动的产生，近地

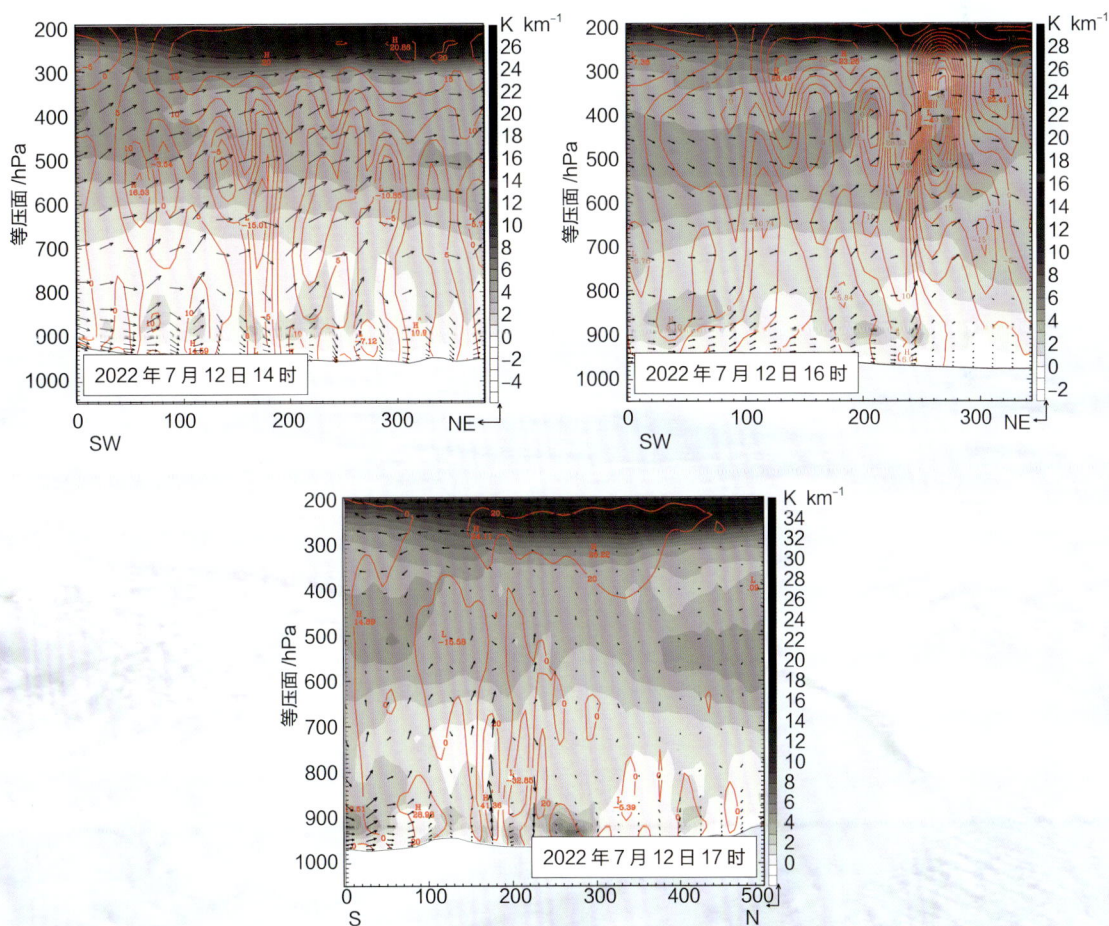

图 4-5-3 对流发展阶段西南—东北向与南北向剖面图（细线为相对涡度线，单位：10^{-5}/s；阴影区为干静力稳定度，单位 K/km；横坐标阴影区为对流区）

面暖湿气流顶部切变处的气旋性涡度增大，并与从对流层中层延伸下来的正涡度带相连，它是气流辐合上升，气压降低的结果；正涡度带东北部的对流层中高层由于质量堆积反气旋涡度增大。对流层低层大范围的倾斜上升气流已经建立，向北输送中逐渐上升到对流层中上层，虽然没有形成垂直对流环流，但弱的对流性降水开始出现。17 时随着低层中尺度气旋性环流的加强，暖湿气流与干冷空气辐合加强，上升气流迅速增强，它穿破中层稳定层结，使潜在不稳定能量得以释放，强对流爆发。上升气流在 500 hPa 分为两支，一支继续上升并入高空急流，一支下沉到地面向南与暖湿气流辐合，向北并入大尺度环流。此时低层的气旋性涡度已达 $41.36 \times 10^{-5}/s$，高度抬升至 700 hPa。所以发展阶段就是低层暖湿气流使不稳定能量积累，天气尺度抬升产生有助于发展深对流的环境，低层中尺度能量锋区及中尺度气旋性环流加强使中尺度辐合加强，产生中尺度强上升气流冲破中层稳定层结，使不稳定能量释放，倾斜上升逐渐发展为垂直上升的阶段，从而导致强对流的爆发。

5.2.2 成熟阶段

图 4-5-4 为成熟阶段 2002 年 7 月 12 日 20 时西南东北向剖面图，实线为位温线，阴影为比湿。对照其他方向剖面图，可以看出本次过程中尺度垂直环流是由西南部的上升支和东北部的下沉支构成，垂直环流面与 MCC 移动方向基本垂直，即 MCC 向东偏南移动，垂直环流基本呈西南东北向。这是由于中尺度环流主要受天气尺度垂直环流及中低层锋面走向的影响，而风暴移动方向主要受中层气流（平均流）的影响，冷涡底部对流层中层东西向的急流锋区决定了冷涡强对流的垂直环流和移动特征。然而随着对流的发展，中尺度环流的方向也会有些改变，它会随着阵风锋方向的改变而与其保持基本垂直，这也是风暴后期中尺度环流逐渐转为西北—东南向的原因。

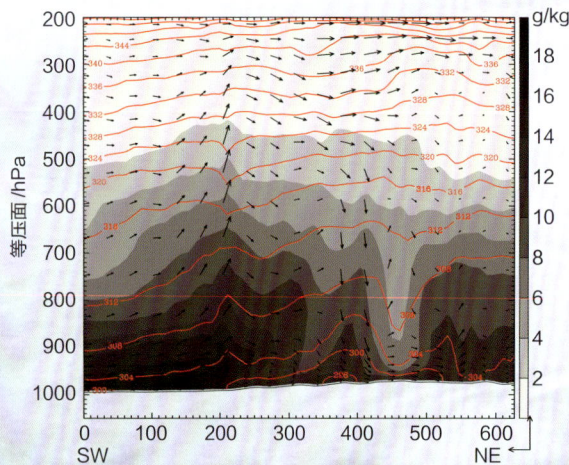

图 4-5-4　对流成熟阶段南北向剖面图（实线为比湿线，单位：g/kg；阴影为位温，单位：K；横坐标阴影区为对流区）

7月12日20时随着对流的发展，受潜热加热影响，对流云系600 hPa以上暖核非常明显，一直延伸到300 hPa附近，所以在强风暴对流中潜热加热的影响即使在对流层高层也超过了上升绝热降温的影响。暖湿的强上升气流从低层略向北倾斜一直到对流层顶，并入高层辐散气流，主要向南随高空急流流出。起源于低层暖湿气流的强上升气流北侧对应起源于中层的干冷的补偿下沉气流。强降水发生在低层下沉气流靠近上升气流的一侧，由于雨滴蒸发作用在边界层形成了明显的冷丘，加之强降水的拖曳作用形成了很强的雷暴高压，但其北侧下沉气流绝热增温变干变暖，形成尾随低压。冷丘对应的辐散流与南部的暖湿气流形成的能量和动力不连续线更加强了低层暖湿气流的辐合抬升，这样形成了有效的中尺度气压环流系统。从东西向剖面图（图4-5-5）可以看出雷暴高压与前导低压的配置，前导低压上空对应强上升气流，前导低压内有暖湿气流辐合上升，它与南来暖湿气流构成了对流系统的上升支。雷暴高压北部的尾随低压是随强降水的生产而产生的，它是下沉气流绝热增温的结果，而前导低压是中尺度辐合的起始动力，它的移向就是雷暴的移向。从图4-5-5可以看出，低层的雷暴高压及其北部尾随低压，地面到对流层中层的暖

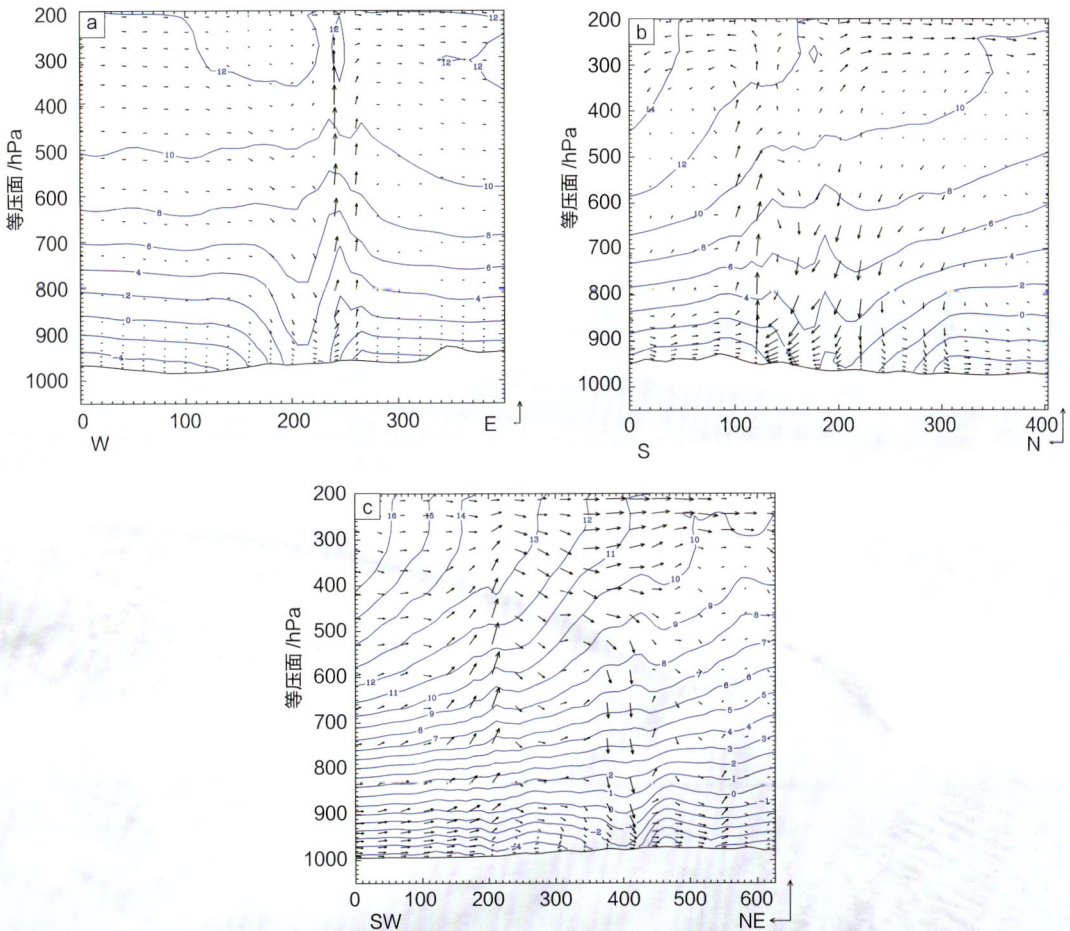

图4-5-5　成熟阶段东西向（a）、南北向（b）、西南—东北向气压扰动剖面图（单位：hPa）

心低压扰动及其北部的高压扰动。它们的形成与上升气流产生的辐合、辐散有重要联系，地面到对流层中层的低压扰动及其北部的高压扰动分别对应上升和下沉气流，而潜热释放对中低层的作用相对较大，同时它们对上升气流又有正反馈作用，因为这些气压扰动有利于高层反气旋环流及中低层气旋环流维持和发展，进而使强对流得以维持。另外，从图4-5-5可以看出，前导低压与对流层中低层低压扰动合并在一起，是由地面辐合、上升气流抽吸、潜热增温共同形成的低压扰动，对对流系统的维持和引导有重要作用。

5.2.3 消退阶段

图4-5-6为消退阶段（7月12日23时）西南—东北向剖面图。随着低层冷丘的加强南移及对流不稳定能量的释放，原来强劲的上升气流已变为弱的倾斜上升气流，到中层并入偏南气流，冷丘形成的干冷的强辐散外流不能形成有效的对流环流。下沉气流随着上升气流及雨势的减弱迅速减弱。冷丘在低层形成了非常稳定的大气层结，对流迅速减弱，雷暴高压随着对流的减弱而减弱，尾随低压也逐渐消失。23时随着系统的东移，雷暴高压并入从朝鲜半岛伸来的高压脊内，南部暖湿气流减弱，中层干燥的偏北风与偏南风辐合下沉形成大范围的下沉气流，中尺度扰动消失，过程结束。

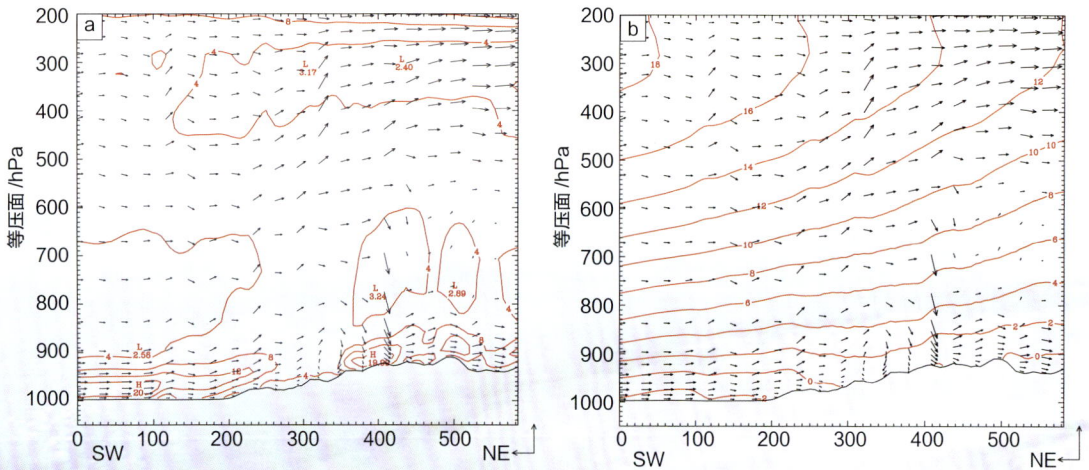

图4-5-6 消退阶段南北向剖面图（图a实线为干静力稳定度，单位：K/km；图b实线为气压扰动，单位：hPa）

5.3 中系统对对流发展的影响

对流系统的发生、演变主要受大尺度环流的控制，然而中系统对对流系统的发展、移动也有着重要作用。中高压形成后，其对应的下沉气流外流与环境气流辐合，形成强的中尺度辐合区（阵风锋），它是风暴形成后大气边界层主要的气流辐合源（图4-5-7），是风暴继续维持发展、移动的"发动机"，其辐合强度由风暴初生时的 -60×10^{-5}/s 增强到成熟阶段的 -147×10^{-5}/s，与中高层动力机制相配合，形成强烈的上升运动，对对流系统的发展增强有重要作用。其强烈的动力上升作用可以诱发潜在不稳定区新对流的发生或产生更强的对流。另外，强烈的上升运动和下沉气流外流可以影响环境气流入流的方向，形成中尺度超低空急流。前导低压是下沉气流外流与环境气流辐合的产物，在本个例中，它只在风暴最强时出现，其他阶段表现为低压带，其辐合中心对应风暴未来的移动方向，引导风暴移动。当然中系统的影响不是孤立的，它与其他因素例如环境场、风垂直切变等共同发生作用。

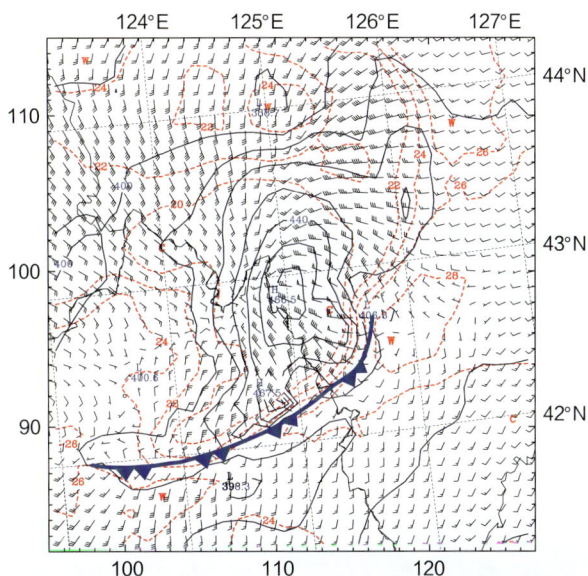

图 4-5-7　2002 年 7 月 12 日 20 时 950 hPa 中尺度系统（实线为位势高度，等值线间距 10 m；虚线为温度，等值线间距 2 ℃；粗黑线锋面为阵风锋）

中高压对应的冷丘可以影响低层中尺度温度场和湿度场，其产生的强烈的温度和湿度梯度，对应很强的中尺度湿斜压作用，对对流系统的垂直环流产生影响，进而影响对流系统的演变。冷丘的形成改变了风暴发生区的大气层结条件，这样不但影响自身的移动，而且对其他雷暴单体的移动、发展产生影响。强风暴在对流层中高层形成暖心，并伴随有弱的冷中心出现，强烈的温度场变化可以使风场、气压场产生波动，这些中尺度斜压波动产生的动力条件对风暴的演变产生影响。

5.4　下击暴流

本次过程伴随强的短时大风和冰雹，实况风力达 10 级以上，虽然发生时间不长，但由于强度大，对生命财产危害巨大。根据文献下击暴流是风暴发生中与上升气流耦合的下沉气流受降水拖曳、蒸发、负浮力及动量下传引起的，下面分析其产生机制及影响因子。

由于微下击暴流的尺度不足 10 km，而本文所用模式的分辨率为 20 km，所以只能模拟中 β 尺度的下击暴流。分析模拟结果可以看出，强下沉气流是伴随强上升气流的出现、强降水的产生而产生的，其强度最大值达 1.4 m/s，出现在 700～750 hPa，而对应的上升运动最大值达 6.6 m/s，出现在 400～450 hPa，所以下沉气流的速度远小于上升气流。下沉气流中心高度低于上升气流中心，是由于气流向上和向下都有一个加速过程。分析水平风速，在 950 hPa，雷暴高压区有 26.1 m/s 的大风。对应地面有 18.5 m/s 的大风，虽然小于实际风力，但可以看出短时大风的产生不是下沉气流在地面的扩散，因为其最大值仅 1.4 m/s，下沉气流将高层高动量水平风下传或通过某种机制使地面风力加强，这种机制可能是雷暴高压的加强。

5.4.1 降水强度

雷达回波强度反映了降水强度。分析模拟的近地面雷雨大风与近地面降水雷达回波强度图（图 4-5-8）可以看出，大风区与回波强度和范围有非常好的对应关系。2002 年 7月 12 日 16 时随着降水回波的出现和强度的增强，地面出现了小范围的短时雷雨大风，中

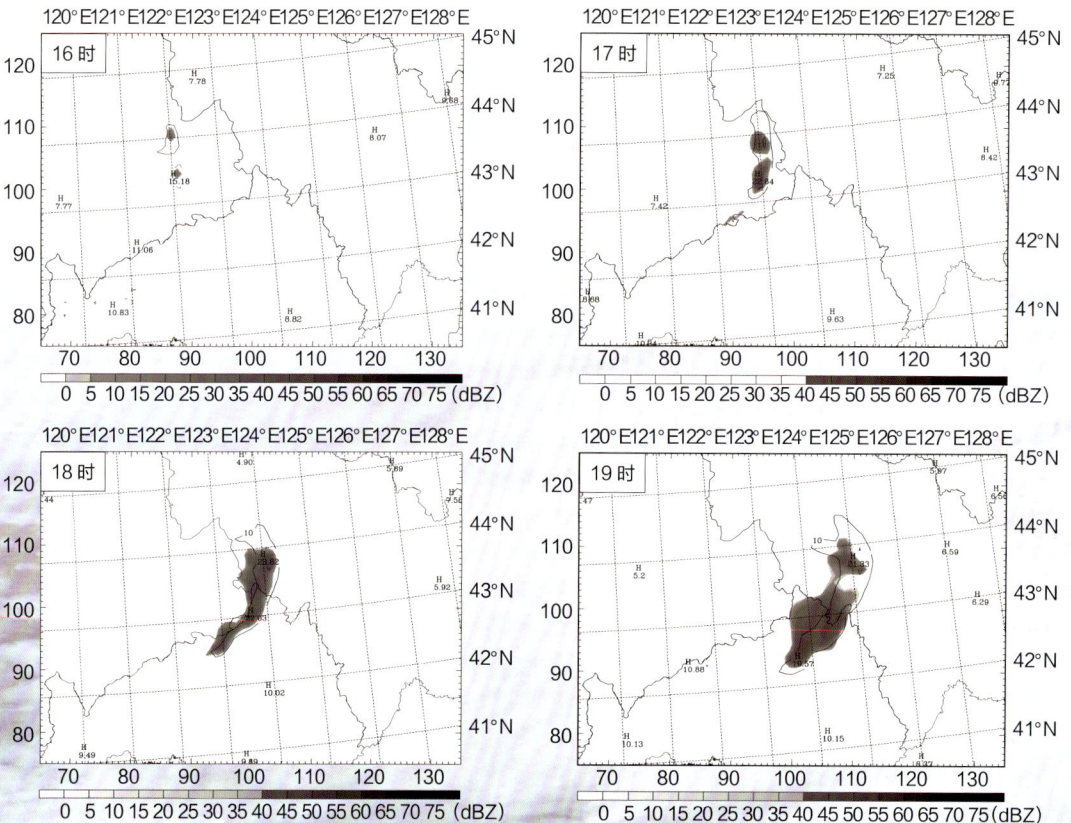

图 4-5-8　模拟的近地面雷达回波强度演变（dBZ）

心强度为 15.2 m/s，以后随着回波强度的继续增强和范围扩大，地面大风的强度和范围也在增加。19 时回波中心强度达 55 dBZ（地面以上），近地面出现了 21.3 m/s 的大风，以后随着回波强度即降水强度减弱，大风也减弱。所以高强度的降水可以产生很大的向下拖曳作用，对产生强的下击暴流非常有利。本次过程降水强度非常大，1 h 实况降水量达 56.9 mm，但并非强降水就产生下击暴流，还必须考虑层结条件。

5.4.2　下沉气流来源及融化层高度

分析模拟结果可以看出，下沉气流主要来源于对流层中层的干冷空气，与上升气流构成垂直环流。等 θ_e 线反映了此气流的动态，配合等 θ 线可以看出 400～500 hPa 干冷的偏西气流向东流入对流云体，一部分上升并入上升支，一部分下沉形成沉气流，由于大气垂直温度直减率较大，加之通过 0° 层后，雨滴等的蒸发吸热，形成较大的负浮力，使下沉气流加速。由于融化层以下的层结才能使雨滴或冰晶蒸发，使空气致冷抵消下沉绝热增温，产生负浮力，形成下击暴流。所以一般融化层高度越高对形成下击暴流越为有利，但必须同时考虑其他因素。20 时模拟的融化层高度为 615 hPa，与实况相当接近。

5.4.3　地面与融化层之间的温度递减率

地面与融化层之间的温度递减率越大，不但有利于对流上升，而且也有利于中层冷空气的下沉，使下沉气流在下沉过程中得到更大的负浮力，产生向下加速度，形成下击暴流。一般认为温度递减率小于 5.5 ℃ /km 不能产生下击暴流。11 时即风暴前模拟的地面与融化层之间的温度递减率达到 7.7 ℃ /km，对产生下击暴流非常有利。

5.4.4　边界层与融化层比湿

边界层与融化层比湿差别越大，下沉气流在下降过程中变为相对干燥的空气，越有利于下沉气流中的雨滴蒸发，进而对产生下击暴流更为有利。12 时边界层比湿为 16 g/kg，融化层比湿为 4 g/kg。

从上面分析可以看出，较大的温度递减率层结与上升气流耦合的中层干冷下沉气流，受由强降水拖曳及雨滴蒸发冷却加强产生的负浮力作用，形成强下沉气流，该下沉气流一方面下传至中层急流，使地面风增大，另一方面近地面的短时大风直接表现为雷暴高压的强度，而雷暴高压的强度决定于下沉冷空气的强度。所以本个例中，强短时雷雨风暴不是强下沉气流在地面的直接扩散，而是对应于雷暴高压的水平风，与一般文献中关于下击暴流的描述有所不同。

6 小结

（1）中层干冷空气绝热下沉是东北冷涡 700 hPa 附近干暖盖形成和维持的重要因素。低层暖湿气流爬升及干暖盖的抑制作用是东北冷涡强对流不稳定能量积累的重要机制。不稳定能量的积累是一个较长的过程，而能量的释放是一个非常短暂的过程，在本个例中不足 1 h。

（2）风暴发生前边界层到 500 hPa 风向随高度顺转超过 90°，随着对流天气的发展，850 hPa 以上风垂直切变逐渐减小，而 850 hPa 以下可能受低层冷丘产生中高压的影响，切变有增大的趋势。风垂直切变方向的逆转反映了强对流爆发前冷空气或锋区的变化，随着中低层切变线的东移，冷涡冷空气迅速从东北向西北逆转，强对流随之爆发。

（3）MCS 发展阶段是天气尺度抬升使不稳定能量积累，低层中尺度能量锋区及中尺度气旋性环流加强使中尺度辐合加强，产生中尺度强上升气流冲破中层稳定层结，使不稳定能量释放，倾斜上升逐渐发展为垂直上升的阶段，从而导致强对流的爆发。

（4）MCS 强风暴成熟阶段地面气压场表现为强的雷暴高压，并有弱的前导低压和尾随低压配合。对应于雷暴高压的边界层冷丘与南部的暖湿气流形成的不连续线加强了低层气流的辐合抬升。

（5）前导低压与 800 ~ 700 hPa 暖心低压扰动合并在一起，是由地面辐合、上升气流抽吸、潜热增温共同形成的低压扰动，对对流系统的维持和移动有重要作用。

第五篇

边界层对东北冷涡强对流的影响

在中尺度对流系统（MCS）发生、发展中，边界层与自由大气发生着剧烈的能量和物质交换。大尺度环境场与深对流系统联系最密切的3个重要因素（对流层低层有足够强的湿层；充分大的直减率；足够的抬升力，使气块能从湿层到达自由对流高度）都与边界层有直接的关系，特别是中尺度抬升必需的低层不连续界面，例如切变、辐合线、对流外流边界面、边界层非均匀加热、风与地形的相互作用等主要发生于边界层。强风暴云底部的外流特征是决定其特性和生命史的重要因素，当低层外流相对于风暴入流太强时，从下部切断了流入上升气流的暖湿空气，不利于风暴的维持。Romero（2001）基于地面观测、数值模拟和遥感产品研究了一系列对流系统的生命史及相互作用，认为对流产生的冷堆和外流对对流的传播非常重要，强的中尺度上升气流是由不同对流系统的外流辐合产生的。Fiuley（2001）对强降水超级单体进行了数值模拟，研究了风暴的演变及发展为弓形回波的原因，发现超级单体产生于静止锋与外流边界之间，对流单体间的相互作用触发了一系列对流事件。由此可见边界层外流在强风暴的发展、移动及风暴间相互作用扮演着重要角色。翟国庆、俞樟孝等根据华东地区9次强对流天气的地面风场分析表明，强对流的发生发展与锋前暖区的中尺度幅合线有密切关系。然而关于强风暴边界层三维结构及其发生、演变规律目前还不清楚。多普勒天气雷达资料由于时空分辨率高，是分析中小尺度天气系统的重要工具。应用中尺度模式耦合 Noar 陆面模式，重点尝试了模式对多普勒雷达资料的同化，以增强模式初始场对边界层大气的描述，对2004年7月5日发生在辽宁中西部的强风暴过程进行了较成功的数值模拟。重点分析了强风暴的边界层三维气流结构、边界层冷丘及边界层层结结构，以深化理解边界层在强对流系统发生发展中与自由大气的物质、能量交换过程及强风暴的发生发展机制。

2004年7月5日午后到夜间，辽宁省中西部地区出现强对流天气，本次过程特点为大范围的雨区原地生消，强的中小尺度系统分布及发生比较分散而清晰，辽宁对应3个强对流中心，移动性不强，是研究强雷暴单体的演变及雷暴群单体间的相互作用很好的一个个例。3个强对流中心分别对应对流层低层低压区3条切变线，即辽宁西北部到中部偏东风西北风切变（低涡西北部），锦州附近的东北风西北风切变（低涡西南部），辽东的东南风西北风切变（低涡东部），可见在次天气尺度系统中的不同部位可能对应强的中小尺度系统，直接对应气旋式切变或辐合线。由于本次个例更适合研究雷暴单体边界层特征及雷暴单体间边界层的相互作用，且可以得到多普勒雷达资料，所以选用该个例进行模拟分析。

1 多普勒雷达资料变分同化

多普勒天气雷达不仅可以获得回波强度的信息，也可以根据回波位相的信息得到目标物沿雷达射线方向的速度（即径向速度）。其时空分辨率较高，完成一个圆锥扫描仅需 20 s，5 min 可以完成一个三维立体扫描；水平方向分辨率≤1 km²，垂直方向分辨率≤0.5 km，使用雷达可探测的范围约在 250 km 以内。对应于这样的范围大小和高分辨率，使多普勒天气雷达可以用于分析中尺度对流系统，警戒强对流天气，如雷暴、龙卷等。如果这些资料能有效地同化到中尺度模式初始场中，将明显改善中尺度强对流等灾害性天气的预报能力，提高临近预报水平并能提高预报的时空分辨率，制作出更为精细的天气预报。近些年来虽然中尺度数值模式得到很大改进，但其对强对流天气定量降水的预报水平仍然有限。模式初值质量直接影响数值模式的预报精度，特别是对越精细的数值模式影响越大，所以资料同化在数值预报系统中非常重要。雷达资料以其高时空分辨率和站网密度在改善模式初值和临近预报中显示了很大潜力。应用 NCAR 发展的中尺度模式中的 3DVAR 系统，对沈阳多普勒天气雷达资料进行同化，实现了对径向风和反射率的直接同化，不但可以反演中尺度三维气象场，而且可以为模式提供初始场，为分析东北冷涡中尺度对流系统提供基础数据。

1.1 径向风和反射率三维变分同化原理

变分同化的原理为将动力模式和同化时段内的所有观测资料作为约束条件，不断调整初始条件来使目标泛函达到最小，从而达到气象观测资料的同化并得到最优的初始场。

NCAR 三维变分同化系统引入的控制变量为流函数（Ψ）、速度势（χ）、气压不平衡部分（pu）和比湿（q）4 个变量。模式变量（u'、v'、T'、p'、q'）通过物理变换建立与控制变量的关系，其中，u、v 通过 Ψ、χ 得到，p、T 通过 Ψ、χ 和 pu 得到。水平变换采用均匀递归滤波，垂直变换采用背景场误差垂直分量的特征向量。由于多普勒雷达资料径向风包含垂直速度分量，所以它的同化需要垂直速度的增量，因此需要建立垂直速度（w）与控制变量（Ψ、χ、pu）的关系：

$$(\Psi, \chi, pu \rightarrow u, v, T, p \rightarrow w)$$

$$\gamma p \frac{\partial w}{\partial z} = -\gamma p \nabla \cdot \vec{v}_h - \vec{v}_h \cdot \nabla \rho + g \int_z^\infty \nabla \cdot (\rho \vec{v}_h) \, \mathrm{d}z' \tag{1}$$

使用 Richardson 方程建立模式变量与 w 的关系：该方程综合应用了连续方程、绝热热力学方程、静力方程。

$$\gamma \bar{p} \frac{\partial w'}{\partial z'} = -\gamma p' \frac{\partial \overline{w}}{\partial z} - \gamma \bar{p} \nabla \cdot \vec{v}'_h - \gamma p' \nabla \cdot \vec{v}_h - \vec{v}_h \nabla p' - \vec{v}' \nabla \bar{p} + g \int_z^\infty \nabla \cdot (\rho \vec{v}'_h) \, \mathrm{d}z + g \int_z^\infty \nabla \cdot (\rho' \vec{v}_h) \, \mathrm{d}z \tag{2}$$

根据线性方程可得到其伴随。

多普勒雷达径向风观测算子：

$$v_r = u \frac{x - x_i}{r_i} + v \frac{y - y_i}{r_i} + (w - v_r) \frac{z - z_i}{r_i}$$
$$v_r = 5.40 a \cdot q_r^{0.125} \tag{3}$$
$$a = (p_0 / \bar{p})^{0.4}$$

式中，v_r 为径向风；r_i 为观测点 (x, y, z) 到雷达 (x_i, y_i, z_i) 的距离；v_T 为云滴末速度。

以此构造相应的切线性方程和伴随代码。背景场误差统计采用 NMC 方法。

反射率的同化至少需要雨水的增量，最好还有云水、水汽等增量，所以控制变量 q_v 由 q_t ($q_t = q_v + q_c + q_r$) 代替，q_v、q_c、q_r 分别为水汽混合比、云水混合比和雨水混合比，其他控制变量不变。背景场误差统计也采用 NMC 方法由 q_t 代替 q_v。用一个直接湿方案描述水汽、云水和雨水的相互转化关系，包括云水和水汽间的凝聚和蒸发；雨水和水汽间的蒸发和沉积，云水向雨水的转化及增长过程。

反射率观测算子：

$$\mathrm{dBZ} = 43.1 + 17.5 \log (\rho q_r) \ (\mathrm{mm}^6 / \mathrm{m}^3) \tag{4}$$

以此构造相应的切线性方程和伴随代码。

1.2　多普勒雷达资料质量控制

多普勒天气雷达资料的质量对同化效果有很大影响，在正确而有效地使用前需要进行一系列的处理（退模糊、噪声等）。多普勒天气雷达观测的径向速度场在实际风速超过雷达可探测的最大不模糊速度时出现的速度模糊（也常称为速度折叠），使观测资料无法使用。尤其在强烈的天气系统（如台风和对流性强风暴）中的风速非常大，严重速度模糊的出现常常是难以避免的。因此，在这种情况下，必须做消除速度模糊的处理后才能将原始速度资料用于气象分析。另外，由于多普勒雷达原始资料存在明显的由湍流等造成的脉动，这种脉动如果不消除，将直接影响对更大尺度天气系统的识别，因此，必须在水平风场反演前首先将资料进行噪声和模糊消除的处理。用到的质量控制技术包括孤立奇异点的消除，速度模糊消除，湍流脉动的消除，资料分辨率处理等，最后将质量控制后的雷达资料转化为同化系统需要的格式。

1.3 用中尺度模式 3DVAR 同化多普勒雷达资料

应用中尺度模式 3DVAR 系统，以 NCEP 再分析资料（1°×1°）通过 WRFSI（WRF 标准初始化）生成背景场，对经过质量控制和处理的雷达径向风进行同化。

图 5-1-1 为 2004 年 7 月 5 日 08 时地面实况场、背景场、增量场、同化场。该时刻主要对应东部的稳定性降水，降水回波较低。从地面风场分析增量来看，雷达资料对背景场的订正区主要位于测站附近的回波区和东北部回波区，而东部回波区订正很小，说明该区域风场信息与背景场基本一致。测站附近的增量主要表现为东南风，东北部主要表现为一个辐散场。对比同化场、背景场和实况场可以看出，背景场在东北部回波区表现为一致的东北风，没有中尺度系统，而实况在该区域有东北风和东南风的切变，同化场在该区域也有明显的东北风和东南风的切变，表现得与实况更为接近。背景场在沈阳附近为东北到西北的切变，实况可以看出沈阳附近有中尺度环流，同化场也有明显的辐合环流。由于降

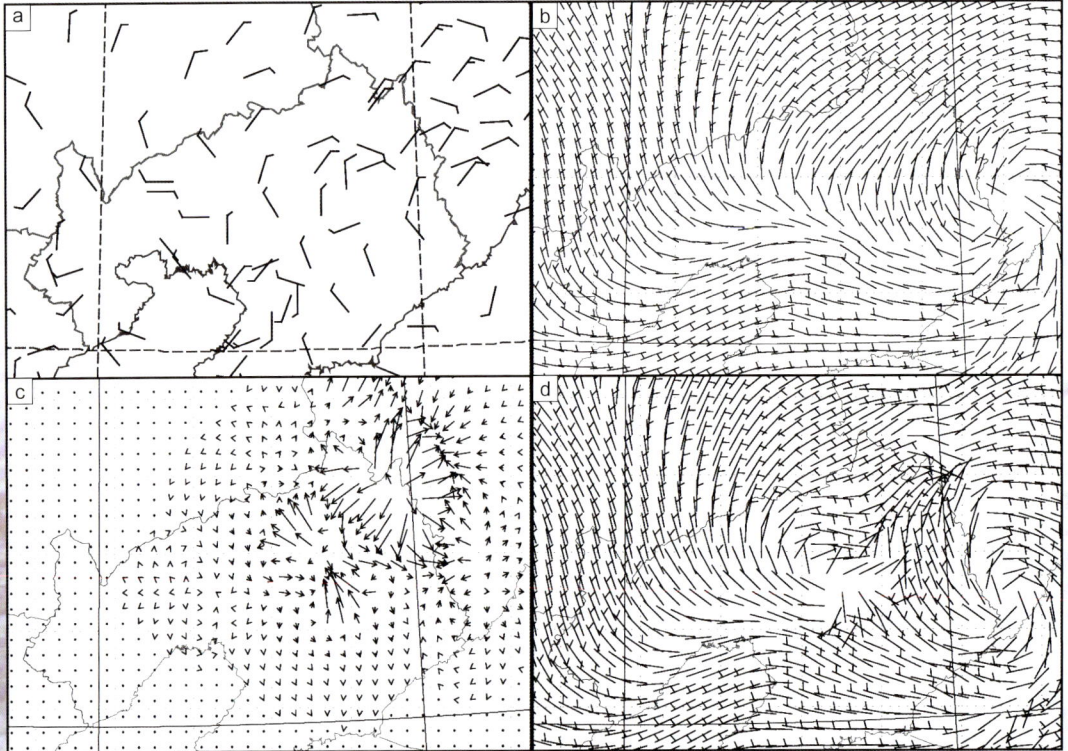

5-1-1 2004 年 7 月 5 日 08 时地面实况风场（a）、背景场（b）、增量场（c）、同化场（d）

水回波较低，所以高层的变化不明显。

2004 年 7 月 5 日 14 时地面实况场、背景场、增量场、同化场主要对应辽宁西部的对流性降水，背景场主要表现为东北部的气旋环流及贯穿辽宁中部的东西向切变线，对比同化场最明显的差别在于沈阳西北部东北—西北风切变、沈阳附近东北—西北风辐合及沈阳西南部的辐合，而这些正是地面实况场表现出的中尺度环流，特别是沈阳西北部的强对流回波对应的中尺度环流很好地反演出来，而背景场并没有中尺度系统，所以同化场更逼近地面实况反映的中尺度环流。由于 14 时无探空资料，所以不能检验高空的反演效果，但地面由于受地形动力热力的影响，中尺度系统更为复杂，所以它的同化效果基本可以反映总体效果。

2 模式模拟效果分析

使用中尺度模式，初始场同化了多普勒雷达资料、辽宁自动站资料及常规观测，以 NCEP 再分析资料为侧边界，模式从 2004 年 7 月 4 日 20 时积分 48 h，对本次过程进行了数值模拟（图 5-2-1）。

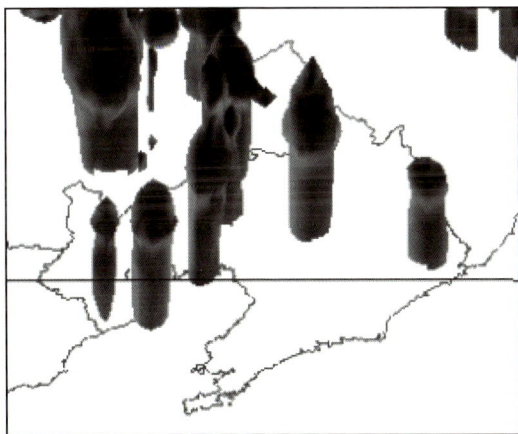

图 5-2-1 模拟的 MCS 群（雨水等值线）

通过分析 5 日 08 时至 6 日 08 时的降水实况及模拟的对应降水可以看出实况在辽宁出现的 3 个强降水中心被较好地模拟，位置略有差异，强度比较接近，可用来分析天气系统的结构和演变过程。

3 MCS 的边界层气流结构演变

本次雷暴活动是由同时发生的多个 MCS 构成的（图 5-3-1），MCS 间存在相互作用，但每个 MCS 又有相对的独立性，并依赖于大尺度环境场形成对流。数值模式模拟出了单个 MCS 的活动。下面以影响沈阳的一个强 MCS 为例，分析其动力结构。首先分析边界层次天气尺度环流。风暴发生前夕，在边界层低涡后部有 3 股明显的气流汇合于雷暴区，1 股是来源于东北部长白山稳定气团的东北气流，该气团在大气边界层低层为冷中心，向上逐渐变为暖中心，形成非常稳定的气团，其形成与长白山地形有很大关系，该冷的边界层东北气流对触发上升运动有重要作用；1 股是西北部的西北下沉气流，这种下沉可追溯到高空 5 km，其下沉增温变干对层结的作用不可忽视；1 股是偏南气流，该暖湿气流是对流重要的能量来源。而辐合区内是高温高湿区，对流发生前对应天气尺度辐合，形成西南暖湿气流在东北浅薄冷空气垫的爬升，由于长白山对应的风垂直切变很大，由对流层低层的东北风迅速转为西南风急流，非常有利于西南上升气流的流出，使得中小尺度扰动在层结稳定度低的区域非常活跃，这种中小尺度扰动受下垫面状况也影响很大，另外，已经发生的西北部强对流边界层外流的冲击对触发上升也可能扮演一定角色。随着偏南气流转为偏西气流对流过程结束。

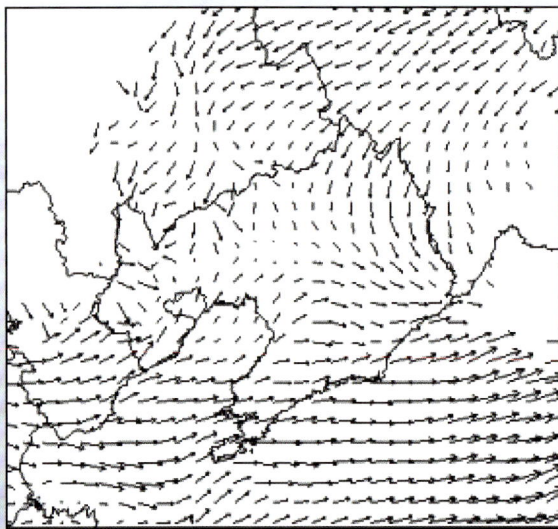

图 5-3-1 对流发生前边界层次天气尺度环流

根据对流系统的不同特征及强度，将 MCS 的生命史划分为 3 个阶段：发展期、成熟期、消退期。

在对流发展阶段初期，对流单体上下均为上升气流，对流层高层，雷暴位于西南高空急流左侧辐散区，500 m 以下对应气流辐散、辐合的耦合，500～2500 m 对应辐合中心，其中 2000 m 左右雷暴南部的西南气流逐渐顺转为偏西风，辐合强度减弱，所以风暴初期边界层以辐合为主，低层的辐合强于边界层高层辐合，从涡度来看风暴初期边界层气流旋转作用较弱。边界层辐合线是对流触发的重要因素之一。

随着不稳定能量的释放，迅速产生垂直运动，形成强降水，气流辐散、辐合的耦合区抬升。强降水拖曳形成的下沉气流在边界层下层（离地面 400 m 高度以下）向四周铺开（图 5-3-2），形成强的辐散气流，近地面散度达 450×10^{-6}/s，辐散气流在其四周形成辐合圈，由于环境气流的不同分布及风暴的移动，除移动方向后方断开外，形成一环状辐合带，而这一辐合甚至超过风暴爆发前的辐合强度，辐合中心在西南气流与风暴移动方向交界。随着高度的抬升，下沉辐散区逐渐减小，400～1000 m 风暴区对应辐合中心与辐散中心的耦合，两中心的连线接近风暴移动方向，这是由于风暴前方的气流湿风暴自身辐散气流与风暴移速的叠加，与环境气流形成更强的辐合，而其后方正相反。为什么边界层低层气流辐合辐散呈现环状，而中层并列分布，是由于越接近地面下沉气流越向四周流出，而上方以下沉为主。1000～1500 m 几乎都是气旋式辐合气流，这种强的中尺度辐合是由环境场辐合、边界层摩擦抽吸，以及更为重要的强浮力上升运动引起的。1500～6000 m 又有辐合辐散耦合出现的情况，但在 1500～3400 m 对流主要出现在辐合区，且辐合大于辐散，4000 m 以上辐散大于辐合。

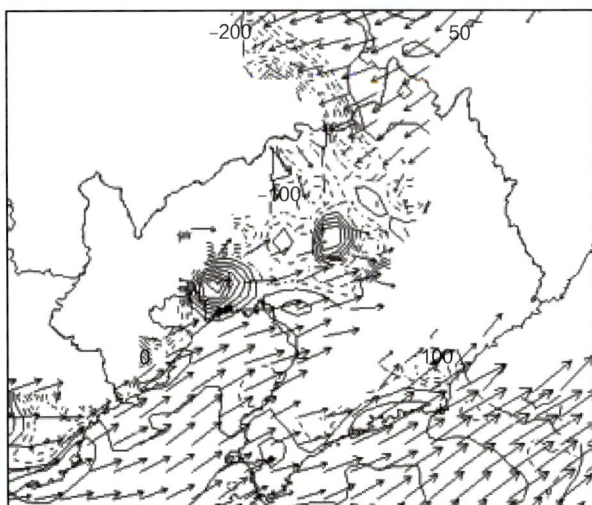

图 5-3-2　400 m 高度风和散度

随着风暴的发展进入成熟期（图 5-3-3，穿过对流单体西南—东北向剖面），边界层底层的辐散气流层高度逐渐升高到 600 m，其上的辐合中心与辐散中心的耦合区消失，700 ~ 1700 m 都是气旋式辐合气流，然而这种气旋式辐合气流对应的垂直运动在 1500 m 以下却均为下沉运动，这是由于补偿降水拖曳形成的下沉气流而产生的气旋式流入，由于辐合强度大，1700 m 在强的辐合区周围形成辐散区，风暴发生在辐合区内，4000 m 以上的辐散区迅速发展，一直到 10 km 高度。分析涡度分布发现，对流爆发前首先在 5000 m 出现中尺度涡旋，随着上升运动的发展，1000 ~ 2200 m 出现中尺度涡旋，2200 ~ 7000 m 对应风暴南部正涡度，北部负涡度的耦合式分布，这主要是由于偏西气流绕流对流云引起的。7000 m 以上高度主要为负涡度。所以边界层上层的中尺度辐合涡旋是风暴重要的能量、水汽输送系统，它伴随着强对流的发展而出现，同时对对流的维持、发展有重要的反馈作用。

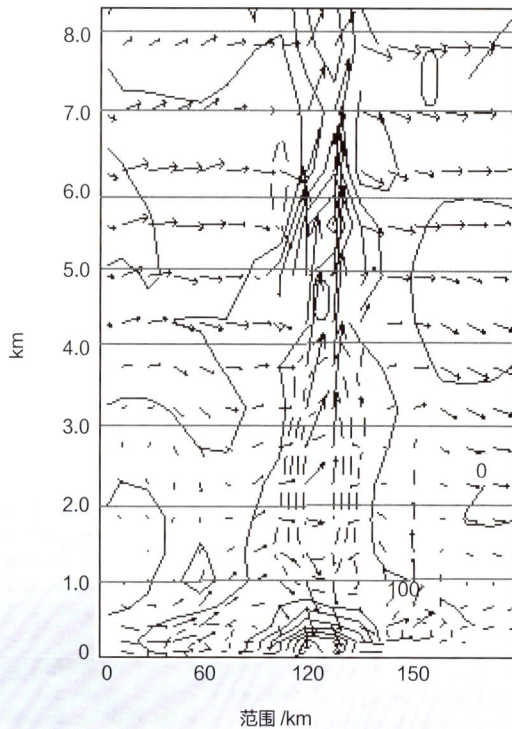

图 5-3-3　成熟期（5 日 14 时）风场、散度场（虚线辐合）垂直剖面

随着边界层底层的辐散层高度的升高，其上气旋式辐合气流的减弱，对流高度迅速降低，对流迅速减弱，边界层只对应辐散下沉气流，MCS 消失。

4 边界层冷丘及入流出流

4.1 风暴发生前边界层层结结构

2004 年 7 月 5 日 08 时，大尺度低涡内部，辽宁中西部对流层中下层为 θ_e 低值中心，326 K 低中心在 4.8 km 附近（图 5-4-1），边界层低层为高值区，达 336 K；辽宁东北部基本相反，边界层为 θ_e 低值中心，对应东北气流，对流中下层为 θ_e 大值区，对应西南气流，为非常稳定的干冷空气堆，边界层浅薄东北气流与其他气流的辐合是触发辽宁中西部对流的主要动力。随着太阳辐射使地面增温，边界层气温逐渐升高，边界层高度升高，不稳定能量增大，但由于潜在不稳层比较薄，而且大尺度抬升作用较弱，不足以触发对流。

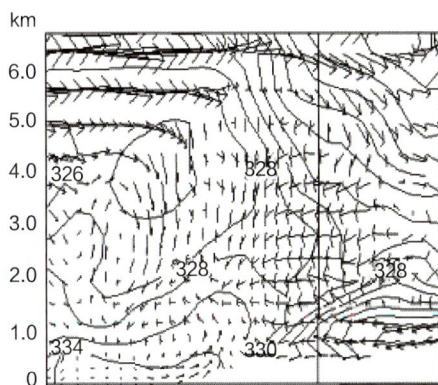

图 5-4-1　7 月 5 日 08 时风场、θ_e 场垂直剖面

5 日 10 时，边界层高度继续抬升，边界层湍流混合加剧，未来发生风暴区 0.9 km 以下形成 θ_e 均匀区，层结接近中性层结，潜在不稳定中心在边界层顶，离地面 1.0 km 附近，其下空气扰动易产生浮力上升，而中层低 θ_e 中心高度变化不大，使边界层顶到对流层中层的潜在不稳定度增加。另外，可以看出东北、西南下沉气流在该区域汇合，形成边界层扰动，其下沉增温是边界层上层增温的一种机制。12 时边界层中性层结高度提高到 1.1 km，13 时到 1.2 km。对流爆发前夕，边界层低层天气尺度辐合加强配合对流层中层扰动使西南气流在东北冷空气垫上爬升加强，同时东北风强烈的风垂直切变，边界层低层的东北风在 1.2 km（图 5-4-2，西南—东北向剖面）高度转为西南风，不但利于边界层低层气流的

抬升，而且有利于爬升气流流出。

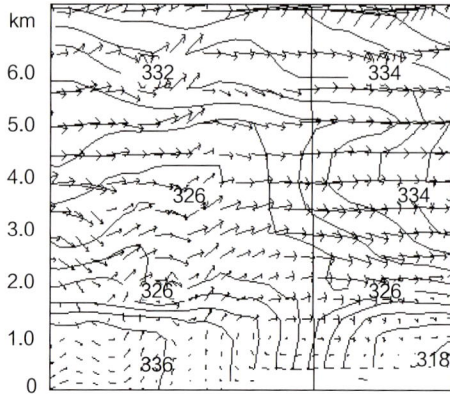

图 5-4-2　风暴发生前（5日10时），风场、θ_e 场垂直剖面

4.2　冷丘及入流出流

边界层冷丘是伴随着对流降水的产生而产生的，它主要是由降水蒸发冷却形成，其对边界层层结及入流、出流产生影响进而影响对流系统的演变和发展。分析本次过程模拟的一个对流单体，9时对流刚刚发生，冷丘还未生成，10时高度达 1.1 km（图 5-4-3）。冷丘顶对应对流单体上升和下沉气流的分界线，冷丘顶以上对流单体内主要为强上升气流，以下为下沉气流，冷丘内部为下沉气流在近地面向四周铺开，主要是由降水拖曳形成的。冷丘的形成改变了对流单体边界层的层结结构，冷丘内部

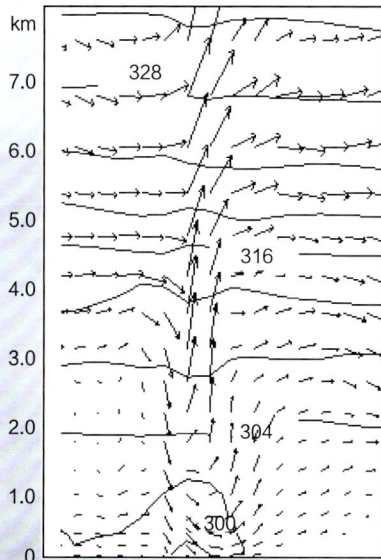

图 5-4-3　风暴成熟期（5日10时）风场、θ 场垂直剖面

为潜在稳定层结，特别在近地面层形成了非常稳定的层结，达 0.06 ℃/m，其层结及气流结构的改变影响了边界层入流。风暴初期，边界层为一致的上升气流，天气尺度气流从东北、西北、西南方向向风暴辐合上升，随着对流的发展、冷丘的形成，边界层低层风暴下泻出流与 3 个方向的环境气流在风暴边缘辐合上升，这种上升强度相对较弱，而边界层上部强烈的气旋性旋转（图 5-4-4），使一部分入流随降水下沉，大部分入流上升形成上升气流，由于冷丘上部水平尺度小，使入流辐合上升更为集中，强度更强，而且这种入流可能来源于除东部出流的各个方向，包括低层上升气流和对流层中层干下沉气流。边界层顶的垂直速度与边界层顶的地转涡度成正比，所以边界层顶的正涡度环流是边界层与自由大气进行交换的重要系统，是风暴系统维持的入流的主要入口。风暴系统的主要出流是对流层高层的西南急流，对流层低层各方向气流辐合上升后大多经此通道流出，另外，在边界层由降水拖曳形成及地的外流，其强度与降水强度有很大关系，边界层辐合气流及风暴后部对流层中层下沉干气流可能并入其中，有时形成微下击暴流。白天和夜间受边界层高度差异的影响，冷丘也有微小的差异，在风暴成熟期，白天冷丘呈半圆形，而夜间呈草帽形，也就是说，白天温度水平梯度更大，夜间小一些，这是由于白天近地面层垂直交换更强烈的缘故，另外，白天边界层上方的正涡度环流中心更高，由夜间的 1.3 km 到 2.6 km。

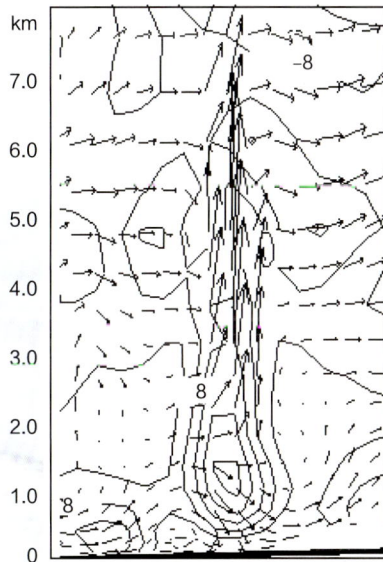

图 5-4-4 风暴成熟期（5 日 11 时）风场、涡度场垂直剖面

边界层上层大尺度的西北干气流的下沉侵入是本次对流活动的重要特点。在对流爆发前，对流层中层就维持大范围的下沉西北干气流，其对加强、维持中层低 θ_e，形成潜在不稳定层结有重要作用。随着对流的爆发，在对流层中层激发中尺度波动，西北干气流接近对流云时发生中尺度波动，产生较强的下沉运动，这股干下沉气流到边界层顶时，可以合并入拖曳下沉气流，也可以合并入上升气流，对对流云产生影响。

5 太阳短波辐射对冷涡强对流的影响

在东北地区的强对流天气中，东北冷涡是重要的影响系统。东北冷涡诱发的强对流天气有明显的反复性和日变化，也就是在一个地区连续几天出现强对流天气，且主要集中在午后到傍晚。这主要是受太阳辐射日变化的影响。虽然太阳辐射对强对流的影响早就引起人们的注意，然而一般认为太阳辐射通过提高大气不稳定度来影响对流天气的发生、发展，也就是地面白天升温，导致大气低层升温加快，进而产生不稳定层结，触发对流的发生。其实太阳辐射对大气的影响是一个复杂的过程，晴空大气对短波辐射的吸收、散射，云系、地面对短波辐射的吸收和反射在不同的天气背景下是不同的。赵春生等认为云内辐射传输过程对对流性降水有复杂的影响关系，短波辐射传输对云中对流有抑制作用。那么地面及大气接收的太阳辐射分别对对流有何作用？ 2002 年 7 月 11—15 日东北冷涡个例，连续 5 d 在沈阳附近午后到傍晚出现强对流天气，是非常典型的受太阳辐射影响的东北冷涡个例。应用非静力中尺度模式对诱发的辽宁中北部强风暴进行数值模拟，分析了太阳短波辐射对强对流的影响机制。

5.1　模式及试验方案简介

控制试验模式选用的物理过程：积云参数化方案为 Grell（1994）方案；云物理方案为混合相方案（Reisner，1998）；辐射方案为云辐射方案（Dudhia，1989）；行星边界层方案为高分辨 Blackadar 方案（Zhang and Anthes，1982）；陆面过程为 5 层土壤模式。设计了 2 套太阳辐射敏感性试验，试验 1 选用的辐射方案为简单冷却方案，即大气冷却仅依赖于温度，不考虑太阳辐射日变化的影响，但考虑地面接收太阳短波辐射的影响，其他物理过程同控制试验，主要用来分析晴空大气和云受短波辐射影响及其对对流的影响；试验 2 大气、地面接收的短波辐射均不被考虑，具体做法为在简单冷却方案中忽略地面接收的短波辐射，其他同控制试验，主要用来分析地面接收太阳辐射对对流的影响。

5.2　短波辐射对强对流降水的影响

利用控制试验模式和 2 个敏感性试验模式从 2002 年 7 月 12 日 08 时积分 24 h 对本次

过程进行了数值模拟。对控制试验模拟的 24 h 降水量与实况降水量进行比较（图 5-5-1），从第 4 章的描述可以看出，控制试验较好地模拟出本次强对流过程，这样改变辐射方案的敏感性试验可以用来分析太阳辐射产生的影响。

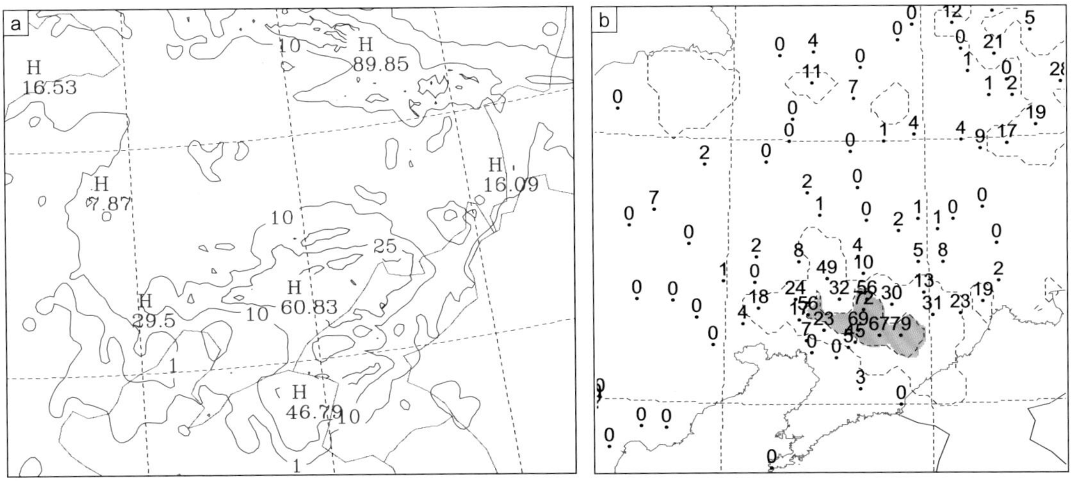

图 5-5-1　2002 年 7 月 12 日控制试验模拟的 24 h 降水量（a）与实况（b）

敏感性试验 1 的 24 h 降水量，与控制试验比较，结果基本一致，不论降水落区、雨带形状及降水强度都很相似。然而分析 1 h 降水量发现，敏感性试验 1 对流开始时间与控制试验相同，但先有一弱对流东移，直到 19 时辽西的强对流才开始，比控制试验推迟了 2 h，23 时强风暴移到沈阳附近，比控制试验晚了 3 h，但强度与持续时间基本一致，直到 13 日 3 时强风暴东移减弱，同样较控制试验晚了 3 h。所以在本个例中大气接收的短波辐射影响强对流的触发时间，使强对流提前 3 h 发生，但对强度影响不大而敏感性试验 2 的 24 h 降水量，只在辽宁东部出现了弱的降水，强对流没有发生。由此可见地面辐射对大气的加热作用是触发本次东北冷涡强对流的重要条件，地面接收的短波辐射在形成对流中发挥着更大的作用。

5.3　短波辐射对层结的影响

为了研究大气接收的短波辐射影响对流触发时间的机制是通过影响不稳定能量的积累，还是通过影响动力触发机制，这里先分析对层结的影响。从控制试验和对比试验沈阳附近 T-log$P$ 图的演变来看，非常明显的特征是风暴爆发前 700 hPa 持续的干暖盖，其上干空气下沉是它维持的重要机制，而干暖盖的维持及其下层暖湿气流的输送是东北冷涡不稳定能量积累的重要机制。可以看出虽然控制试验的地面气温高于对比试验，但对比试验低层水汽含量更高。从 11 时对比试验的 CAPE 就超过了控制试验，13 时对比试验的 CAPE 达到 1388 J/kg，而控制试验为 1104 J/kg，抬升指数也是对比试验更强，此时两个试验的地面露点相差 1 ℃，以后差别仍继续加大。在控制试验强对流爆发前（19 时），CAPE 为 2259 J/kg，抬升指数为 –10.5，而此时对比试验的 CAPE 达到 3164 J/kg，抬升指数达 –11.7，但 K 指数控制试验为 49，对比试验为 38，这与 700 hPa 的 T–Td 有很大关系。强风暴爆发前 700 hPa 干暖盖迅速被破坏，而对比试验直到 22 时干暖盖才消失，强风暴爆发，所以干暖盖的破坏是强风暴爆发前的重要标志。

由于敏感性试验 1 的 CAPE 一直大于控制试验，所以大气中太阳辐射影响强对流的爆发时间不是通过不稳定能量的积累来影响的，主要通过影响动力触发机制及中尺度抬升破坏干暖盖来影响的。当然积累更多的能量带来更激烈的对流，敏感性试验 1 降水强度要稍大于控制试验。

敏感性试验 2 由于地面没有太阳辐射，积分开始后近地面层气温明显下降，到 14 时试验 2 的地面气温为 23 ℃，而控制试验达到 32 ℃，但 900 hPa 以上气温变化不大，这样试验 2 在 900 hPa 以下形成逆温层，此时试验 2 和控制试验的 850 ~ 500 hPa 温度垂直递减率分别为 7.3 ℃ /hm 和 7.4 ℃ /hm，但由于试验 2 大气底层湿度大，CAPE 已达到 1411 J/kg，控制试验仅为 1355 J/kg。直到 16 时，试验 2 近地面气温的降低影响到 850 hPa，较控制试验低 0.5 ℃，此时由于温度垂直递减率差距的加大，控制试验的 CAPE 已经超过试验 2。在控制试验对流爆发前夕（19 时），两试验 850 hPa 的温差达到 2 ℃，而 500 hPa 受冷涡东移的影响，控制试验的气温低于试验 2，这样控制试验温度垂直递减率达到 7.7 ℃ /hm，CAPE 为 2259 J/kg，而试验 2 分别为 7.4 ℃ /hm 和 1552 J/kg。对应湿度的变化，在 850 hPa 以下温度线和露点线控制试验在对流爆发前一直呈三角形分布，而试验 2 呈倒三角分布，这是由于控制试验垂直输送强在边界层上层形成湿层，底层气温高，而试验 2 底层气温低，层结稳定，不利于水汽的垂直输送形成的，这使控制试验 700 hPa 的干暖盖更为明显，有利于对流层低层不稳定能量的积累。所以地面太阳辐射对对流层低层大气的温度、湿度有重要影响，进而影响大气层结的稳定性，它对大气层结的影响直接影响对流系统的生成和强度。试验 2 在冷涡天气背景下，CAPE 强度也达到 1835 J/kg，但并未产生对流天气，所以地面接收的短波辐射同样也影响对流的动力触发机制，即对流层低层的中尺度环流。

5.4 短波辐射对中尺度环流的影响

地面接收的短波辐射在 24 h 内主要影响对流层低层，而对流层低层环流形成的中尺度辐合是强对流触发和维持的主要机制，所以这里重点分析对 850 hPa 中尺度环流的影响。对比试验 1 和控制试验 850 hPa 的环流演变可以看出，24 h 内大尺度的环流形势是一致的，中尺度环流的发生时间也是一致的，但中尺度系统的演变有较大差异，说明大气接收的短波辐射对对流发生后的系统影响更大，即对流云对辐射的吸收和发射，对对流系统的发展、维持有较大影响。17 时试验 1 和控制试验低层的主体气旋式环流都在辽宁西部，但控制试验在辽宁北部的能量锋区上已激发扰动，而试验1则维持一个弱脊；18时控制试验偏南风加强，低压扰动加强，已出现闭合环流并东移，而试验1只对应主体气旋式环流在原地加强；19时控制试验中尺度系统迅速发展，伴随对流的发生雷暴高压出现并加强，对应反气旋式环流；20时控制试验对流系统东移至沈阳附近已发展到成熟阶段，其后部又有新的中尺度系统在发展，而试验1强对流刚刚开始，气旋式环流尺度明显比控制试验大，直到21时试验1强对流迅速发展东移，22时到成熟阶段。进一步分析模拟的地面中尺度气压场及20时地面观测，控制试验中先后出现了两个强对流系统，分别对应中尺度气压和环流系统，不论从系统强度还是降水强度，第一个对流系统要强于第二个系统，与天气实况比较一致。试验1仅出现一个对流系统，系统发展明显偏慢，可以认为控制试验中第二个对流系统对应试验1中的对流系统，只是强度较试验1偏弱，控制试验在16时以后对流系统迅速发展东移，而对比试验还在逐渐发展当中。所以受大气太阳辐射的影响，东北冷涡能量锋区上诱发中尺度扰动，并迅速发展东移，触发强对流的发生，而不考虑大气接收的短波辐射系统发展缓慢。

大气接收的短波辐射通过影响中尺度扰动的发展速度来影响对流发生时间，对对流强度、范围影响较小。控制试验较成功地模拟了中尺度对流系统的发生发展过程，特别是两个对流系统的模拟与实况比较一致，所以与不考虑大气接收的短波辐射的对比试验比较可以反映大气接收的短波辐射的影响。大气接收的短波辐射影响对流发生时间并不是简单地加速了系统的发展，控制试验中系统的发展与试验1截然不同，它激发了新的中尺度环流。所以在东北冷涡天气尺度环流背景下，大气接收的短波辐射通过激发中尺度环流触发强对流的发生，而对不稳定能量的积累影响较小。

对比试验2和控制试验的850 hPa环流，14时在低压槽内均产生中尺度扰动，但到16时，即控制试验对流爆发前夕，控制试验中尺度扰动迅速增强，出现中尺度低压，辐合中心散度达 −58.8，而试验2的中尺度扰动强度变化不大，不足以促使对流的发生，所以在冷涡天气背景下，地面接收的短波辐射影响产生的强的中尺度辐合及对流不稳定层结促使了对流的爆发。控制试验对流爆发后，中尺度系统对应的强辐合一直维持并向东移动，而此时试验2依然维持弱的中尺度扰动。控制试验对流系统减弱消失后，受辐射降温的影响，试验2的低压槽强度较控制试验更强，在其前方出现了弱的降水，而此时控制试验没有出现降水。

大气中短波辐射影响强对流的触发时间，使强对流提前爆发，但对强度影响不大。地面辐射对大气的加热作用是触发本次东北冷涡强对流的重要条件。在东北冷涡天气尺度环流背景下，大气中短波辐射通过激发中尺度环流触发强对流的发生，而不是通过影响不稳定能量的积累触发强对流，但较大的不稳定能量可产生较强的降水。冷涡天气背景下，地面短波辐射加热在对流层低层产生的强中尺度辐合及对流不稳定层结共同促使了对流的爆发和维持。

6 地形对冷涡强对流的影响

东北三面环山，地形对东北冷涡的生成、发展、维持有重要影响。那么地形对中尺度系统的影响如何呢？将二重网格区域的地形高度取为0（一重网格范围对应区域也取为0），即不考虑地形的影响，进行了数值模拟（ex_noter），发现影响辽宁的强对流没有出现。

积分一开始地形对800 hPa以下的环流产生较大影响，而对800 hPa以上环流影响偏小、偏晚。对低层的影响包括动力及热力的影响，主要表现：①阻止冷涡后部低层冷空气的东南下，使冷涡底部低压带及西南气流维持加强，为产生强对流提供环境条件。②山区地形有利于边界层产生中尺度扰动，加强东移影响下游地区。③使低层暖脊增强，且偏后于高层温度场，形成不稳定层结。

从控制试验和ex_noter 850 hPa风场及θ_e场演变图来看。15时ex_noter冷涡后部西北气流已入侵到辽宁北部到河北北部一带，没有明显低压带出现，而控制试验受大兴安岭及其南部山脉的影响，从内蒙古东部一直到河北北部都为西南气流，并有明显的低压辐合带。另外，从渤海到东北平原的西南风也明显强于ex_noter，这主要受辽东山脉的影响。在低压带前部的辽西山地控制试验有气旋式环流产生，而ex_noter无任何中尺度系统，所以地形在本次过程中起着重要作用，它影响天气尺度环流，还直接影响中尺度系统的产生。地形对中高层环流影响较小，15时两个试验500 hPa冷涡后部冷空气东南下的速度稍有不同，ex_noter的−8 ℃线较控制试验偏南50 km左右，但风场基本一致，20时当控制试验强对流爆发时，500 hPa有明显的中尺度扰动，但滤掉中尺度扰动，与ex_noter环流基本一致，所以地形对中层大气的影响在24 h内要远小于对低层大气的影响。地形对低层大气有非常明显的热力影响，12时2个试验的热力差异已非常明显，控制试验850 hPa内蒙古到华北北部对应更强的暖脊，16 ℃线较ex_noter偏南近2个纬距，13时控制试验暖脊顶部锋区加强，产生中尺度扰动。所以当冷涡后部冷空气东南下时，受地形阻挡的影响，低层容易产生更强的低压带及南北气流切变，进而激发中尺度环流，而高层冷空气则相对较快东南下，形成不稳定层结，产生强对流天气。另外，强对流扰动一般在山区产生发展然后东移或东南下的观点在这里得到证实。

7 海陆分布对强对流的影响

辽宁南部是渤海和黄海，由于海陆的热力水汽差异，容易诱发强对流天气。为进一步了解海洋对辽宁中北部冷涡强对流的影响，在模拟中取消海陆差异，将 Landuse 中的水体改为旱地（ex_nosl），结果表明海洋对中北部的对流性降水影响不大，而对沿海的降水影响很大。为 ex_nosl 模拟的 24 h 降水量与控制试验对比，ex_nosl 在辽宁东南部沿海产生了 70 mm 降水，而控制试验及实况未出现降水，其他地区降水的分布基本一致。从控制试验和 ex_nosl 925 hPa 风场、温度场和比湿演变图，可以看出海洋 24 h 内的影响高度较地形更低，一般只影响到 850 hPa 以下的边界层，而且影响强度明显较地形偏弱。由于 ex_nosl 在辽宁东南部沿海产生的降水发生在 22 时以后，从 22 时开始分析。22 时 ex_nosl 925 hPa 在辽东半岛的比湿中心明显较控制试验偏南，暖脊明显偏北，形成更强的温度梯度。这是由于陆地较海洋吸收更多太阳辐射，使暖脊增强，同时导致东南沿海出现暖湿切变，23 时 ex_nosl 辽东半岛能量锋区加强，切变线进一步增强，在暖区一侧出现对流天气；0 时辽宁中部切变线东南移与东南部切变合并，形成强对流天气。以后随着北部冷空气的南压，降水结束。所以海洋在夏季有明显的制冷作用，它不但影响陆地锋区的强度，而且对比湿的影响不是增加海区比湿，而是减小比湿，这样在本个例控制试验中沿海的能量锋区不能产生，虽然有系统东移，但不能发展，没有对流产生。

8 小结

（1）本次强风暴在边界层有 3 股明显的气流汇合于雷暴区，1 股是来源于东北部长白山稳定气团的东北气流，1 股是西北部的西北下沉气流，1 股是偏南气流。由于长白山对应的风垂直切变很大，由对流层低层的东北风迅速转为西南风急流，非常有利于西南上升气流的流出，使得中小尺度扰动在层结稳定度低的区域非常活跃。

（2）风暴初期边界层低层的辐合强于边界层高层辐合，从涡度来看风暴初期边界层气流旋转作用较弱，边界层辐合线是对流触发的重要因素之一。边界层上层的中尺度辐合涡旋主要由环境场辐合、边界层摩擦抽吸形成，是风暴重要的能量、水汽输送系统，它伴随着强对流的发展而出现，同时对对流的维持、发展有重要的反馈作用，边界层与自由大气进行交换的重要系统，是风暴系统维持的入流的主要入口。冷丘内部为潜在稳定层结，特别在近地面层形成了非常稳定的层结，其温湿层结及气流结构的改变进而改变了边界层入流。

（3）大气接收的短波辐射影响强对流的触发时间，使强对流提前爆发，但对强度影响不大。地面接收的短波辐射对大气的加热作用是触发本次东北冷涡强对流的重要条件。

（4）在东北冷涡天气尺度环流背景下，大气接收的短波辐射通过激发中尺度环流触发强对流的发生，而不是通过影响不稳定能量的积累触发强对流，但较大的不稳定能量可产生较强的降水。地面接收的短波辐射加热在对流层低层产生强的中尺度辐合及对流不稳定层结共同促使了对流的爆发和维持。

（5）地形对 800 hPa 以下的环流产生较大影响，阻止冷涡后部低层冷空气的东南下，使冷涡底部低压带及西南气流维持加强，为产生强对流提供环境条件。24 h 内海洋对辽宁中北部的对流性降水影响不大，而对沿海的降水影响很大。海洋在夏季有明显的制冷作用，它不但影响陆地锋区的强度而且减小了海区大气低层的比湿。

第六篇

东北冷涡数值预报业务系统的建立

▶ ▶ ▶

随着数值预报的迅速发展，东北冷涡的预报水平得到了提高，特别是在东北冷涡环流形势和降水区域预报方面效果较好。但是，在对具体的降水时段、强度、落区预报方面则远远达不到社会对天气预报精度的需求。因此，在现阶段如何利用数值预报提高东北冷涡降水预报水平，是预报业务中需要解决的问题。由于数值模式中不同物理过程选项在设计时有不同的侧重点，因此，本项工作的目的是：通过模式中不同物理选项对东北冷涡降水预报能力的检验对比，选择更适合东北冷涡数值预报的多种方案进行组合，建立东北冷涡数值预报业务系统，提高现有的数值模式对东北冷涡的预报质量。为了对比不同过程对东北冷涡的预报效果，选择对东北冷涡强对流有影响的部分选项，包括辐射、积云参数化、湿物理过程方案等，分别对近年东北冷涡个例进行了大量试验，并进行了检验评估。检验方法主要使用天气学检验方法，因为降水 TS 评分存在着一些问题，例如：如果预报强降水中心与实况有所偏离，可能仅是系统的移速问题，但是导致 TS 评分低，等等；而天气学检验方法主要是考虑降水系统在强度、位置等方面预报与观测的差异，更能够清楚分析降水数值预报在强度、落区、移速等方面的预报性能和系统误差。

1　天气学检验标准制定

针对东北冷涡的环流形势和降水特点，通过一阶段的工作，考虑分别从降水强度、降水落区和降水时段三个方面来检验预报效果，制定了数值预报中东北冷涡降水预报定性检验的标准如下。

1.1　检验内容

进行降水预报天气学检验时主要从降水中心和降水主体两方面进行检验，降水中心检验包括中心强度和位置的检验，降水主体检验包括强度、落区、范围和移速的检验。

检验时进行如下判定：

降水强度：一致，偏强，偏弱。

降水落区：一致，偏南、偏东南、偏东等 8 个方位。

降水范围：一致，偏大，偏小。

雨区移速：一致，偏快、偏慢。

标准简单定义：

（1）模式预报的降水整体量级和最大中心值与实况值量级大体相当，则视为降水强度基本一致。

（2）模式预报的降水区域范围大小和位置与观测降水落区大部分一致的时候，则视为降水落区基本一致。

（3）从模式预报的降水区域位置与实况差异判断降水时段快慢。

1.2　检验时段

以 0 h、12 h 为模式初值的逐日 12～24 h、24～36 h、36～48 h、48～60 h 的降水预报。

1.3　检验方法

首先判断有无漏报，继而检验雨带推进过程有无移速误差，然后再针对不同预报时段进行检验。如果移速偏快或偏慢，则在评定时能够注意到各时段落区与强度的误差是否由移速造成。

2 不同物理过程选项对东北冷涡降水预报性能试验

2.1　辐射方案试验

东北冷涡诱发的强对流天气有明显的反复性和日变化，也就是在一个地区连续几天出现强对流天气，且主要集中在午后到傍晚，这与太阳辐射关系较大。研究发现太阳辐射不仅影响大气不稳定层结，而且影响中尺度环流的生成和发展，因此，不同辐射方案对东北冷涡降水预报的比较与选择是本项工作的一个内容。

2.1.1　FRAD=2 与 FRAD=4 的比较

FRAD=2 为云辐射方案，该方案比较精细地考虑了长波、短波与云和晴空大气的相互作用，既提供大气温度变化趋势也提供地表辐射通量，还能够考虑阴影和斜坡对接收太阳辐射的影响。FRAD=4 为 RRTM 长波方案，该方案的短波辐射方案与云辐射方案相同，长波方案是一个比较准确和高效的快速辐射传输模式，用一个订正的 K 模式描述水汽等详细吸收谱的辐射效应，该方案可以与模式云和降水场相互作用。可以看出这两个方案均适合冷涡降水预报所需要的辐射精细模拟，需要进行具体个例试验来确定。

分别选择 FRAD=2 与 FRAD=4，对东北冷涡降水预报进行试验，发现，两个方案对东北冷涡雨带落区、降水强度、雨区范围预报都很接近，但是预报的降水中心两个方案有所区别，FRAD=2 预报的降水中心相对集中，而 FRAD=4 方案预报的降水中心则由多个小中心组成，相对来说，较强降水（大雨以上）的范围也更大一些，见图 6-2-1。

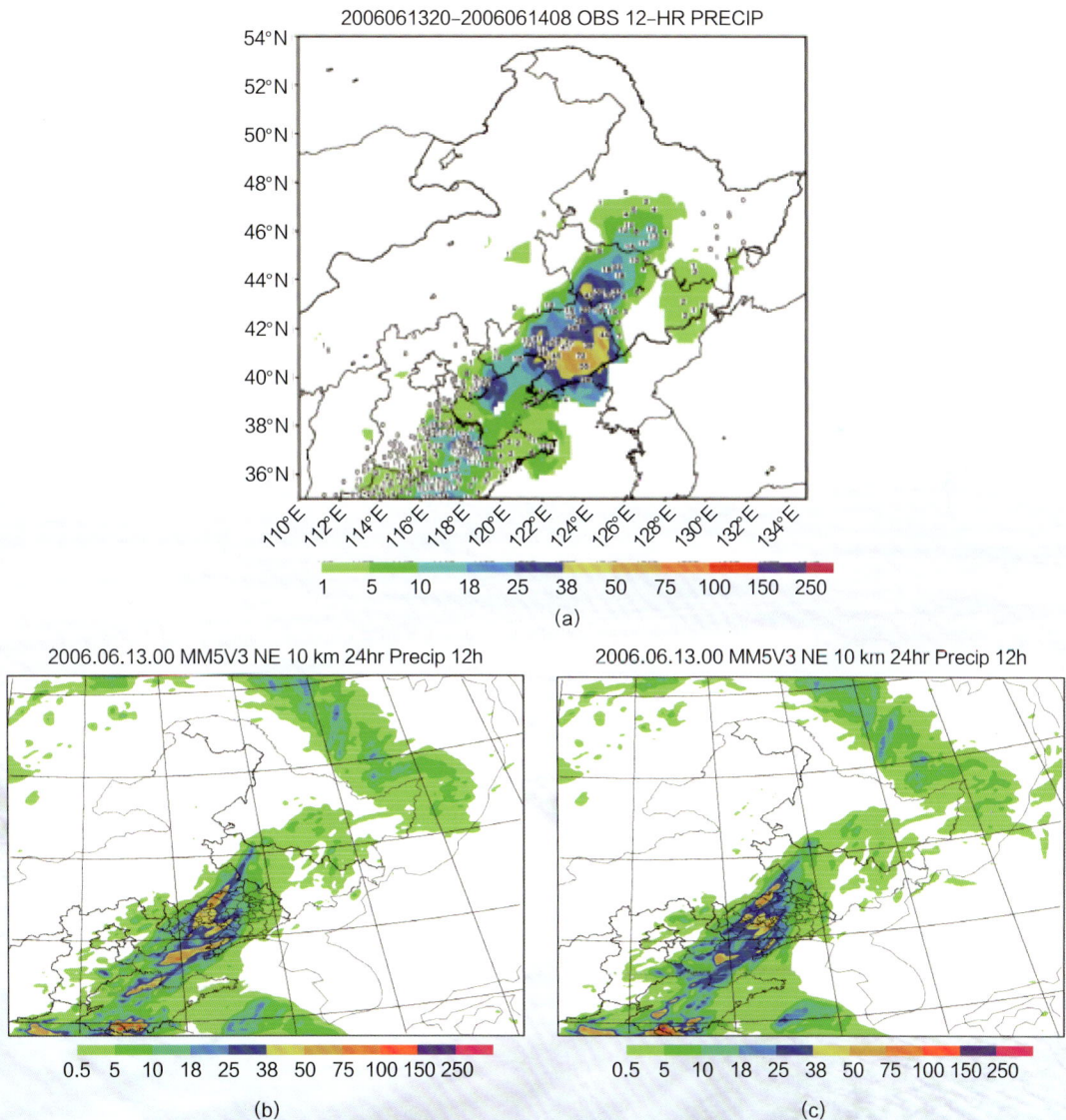

(a)

(b)

(c)

图 6-2-1　2006 年 6 月 13 日 00 时两种方案预报的降水和对应实况
(a)：实况；(b)：FRAD =2；(c)：FRAD =4

从降水 TS 评分来看，除了小雨量级的 TS 评分 FRAD=2 略高于 FRAD=4，在中雨、大雨、暴雨的降水评分中，都是 FRAD=4 高于 FRAD=2，见表 6-2-1，表中红色字均为 FRAD=4，TS 评分较高者。

表 6-2-1　两种不同辐射方案降水预报的 TS 评分

降水等级	时段 /h	FRAD=2	FRAD=4
小雨	0 ~ 24	0.545	0.550
	12 ~ 36	0.630	0.627
	24 ~ 48	0.678	0.676
中雨	0 ~ 24	0.331	0.328
	12 ~ 36	0.425	0.433
	24 ~ 48	0.495	0.499
大雨	0 ~ 24	0.180	0.197
	12 ~ 36	0.261	0.272
	24 ~ 48	0.225	0.242
暴雨	0 ~ 24	0.017	0.024
	12 ~ 36	0.075	0.093
	24 ~ 48	0.070	0.087

结论：进行批量试验后，在东北冷涡数值预报业务系统中选择 FRAD=4 方案。

2.1.2　RADFRQ=15 与 RADFRQ=30 的比较

这个选项是考虑在模式积分时，多长时间进行一次辐射计算。在原东北区域中尺度数值预报业务系统中是取 30 min 做一次辐射计算。本试验考虑如果取 RADFRQ=15 是否对东北冷涡降水预报有影响。对取 RADFRQ=15 和取 RADFRQ=30 进行了预报试验，发现两者差异很小，雨带落区、量级、范围没有改变，中心范围略有差异，因此从节约计算机资源又不影响预报效果考虑，完全可以取 RADFRQ=30。

2.2　不同边界层方案试验

东北冷涡强对流发生发展中，边界层与自由大气发生着剧烈的物质、能量交换，对流爆发的三要素，边界层湿层、不稳定层结、触发条件都与边界层结构和过程有关，边界层的不连续边界，例如辐合线、切变线、急流、干线、锋面等是冷涡对流触发的必要条件，所以边界层过程的准确描述对冷涡降水的预报有重要意义。

2.2.1　IBLTYP=2 和 IBLTYP=5 的对比

IBLTYP=2，高分辨 Blackadar 方案，该方案适用于高分辨边界层的模拟，地表层可以薄于 100 m，最低的 1000 m 可以分到 5 层，有包括自由对流混合层的 4 个稳定度方案。IBLTYP=5，MRF PBL 方案，同样适合高分辨边界层的模拟，是一个基于 Troen-Mahrt 描绘的逆梯度项和 K 廓线的高效方案。在干对流边界层中为非局地混合，边界层的高度决定于 Ri，自由大气垂直扩散也依赖于 Ri。可见这两个方案均适合冷涡预报需要的高分辨边界层模拟，需要通过个例试验确定其具体预报效果。

表 6-2-2 中列出了使用 IBLTYP=2（High-resolution Blackadar PBL）和 IBLTYP=5（MRF PBL 方案）对东北冷涡降水预报的 TS 评分情况，分析表中的 TS 评分能够看出，在小雨—大雨的降水级别中，IBLTYP=5 的 TS 评分一般都稍高于 IBLTYP=2，但是，在暴雨—大暴雨的预报中，IBLTYP=2 的临近预报效果更好一些，IBLTYP=5 的 36 ~ 48 h 预报更好一些。

表 6-2-2　两种不同侧边界方案降水预报的 TS 评分

降水等级	时段 /h	IBLTYP=2	IBLTYP=5
小雨	0 ~ 24	0.40944	0.41659
	12 ~ 36	0.45894	0.47433
	24 ~ 48	0.50174	0.49926
中雨	0 ~ 24	0.18089	0.18286
	12 ~ 36	0.20402	0.22965
	24 ~ 48	0.25181	0.26033
大雨	0 ~ 24	0.10222	0.099
	12 ~ 36	0.11405	0.12835
	24 ~ 48	0.14594	0.15043
暴雨	0 ~ 24	0.03644	0.03111
	12 ~ 36	0.05378	0.0525
	24 ~ 48	0.05393	0.06122
大暴雨	0 ~ 24	0.00555	0.00253
	12 ~ 36	0.00929	0.02587
	24 ~ 48	0.01254	0.01378

从天气学检验具体分析来看，在大多数情况下，两种方案的预报趋势大致相当，IBLTYP=2 预报的降水中心强度要比 IBLTYP=5 强一些，对流特征明显一些，IBLTYP=5 的

漏报情况多一些，降水区平滑一些。总体分析，对于冷涡降水预报，应该是 IBLTYP=2 的预报从强度到雨区预报的要更好一些。例如，图 6-2-2 以 2007 年 7 月 17 日 00 时为初值的 24 ~ 36 h 的降水预报，此次是冷涡南部槽与低层切变线南北结合的一次降水过程，图 6-2-2 中，b 为 IBLTYP=2，c 为 IBLTYP=5。从这次预报来看，雨区东北部吉林境内的强中心区 IBLTYP=5 没有报出。再看 2007 年 7 月 29 日 12 时为初值的 36 ~ 48 h 预报，见图 6-2-3，这也是一次冷涡南部槽引起的降水过程，同样 a 为实况，b 为 IBLTYP=2，c 为 IBLTYP=5。由图 6-2-3 可见，虽然 IBLTYP=2 预报的强降水区的位置与实况有所偏差，

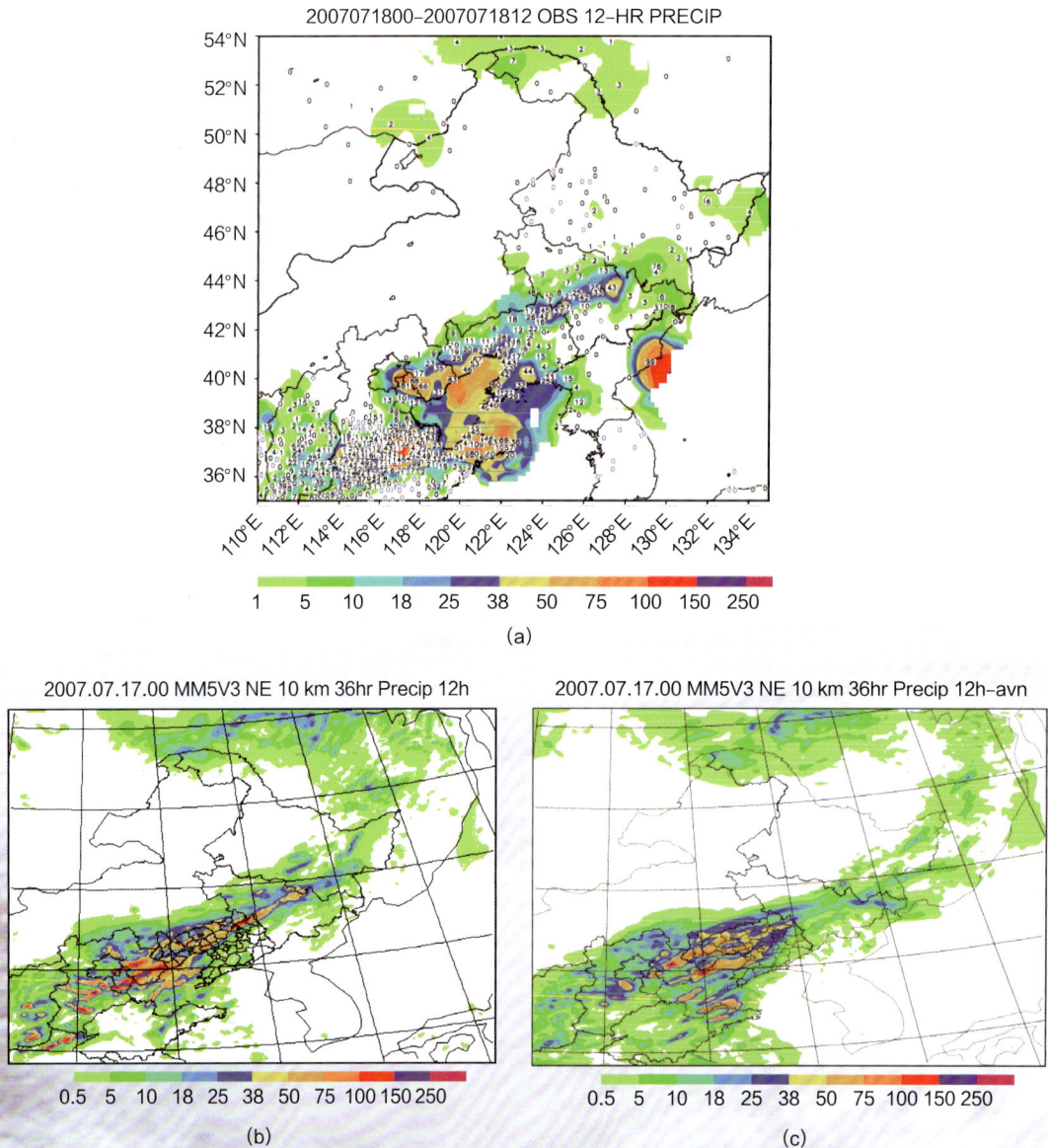

图 6-2-2 2007 年 7 月 17 日 00 时预报的 24 ~ 36 h 降水与对应实况
(a)：实况；(b)：IBLTYP=2；(c)：IBLTYP=5

但预报的降水强度比 IBLTYP=5 要好。因此，在使用 IBLTYP=2 与 IBLTYP=5 进行对比时，选择 IBLTYP=2。

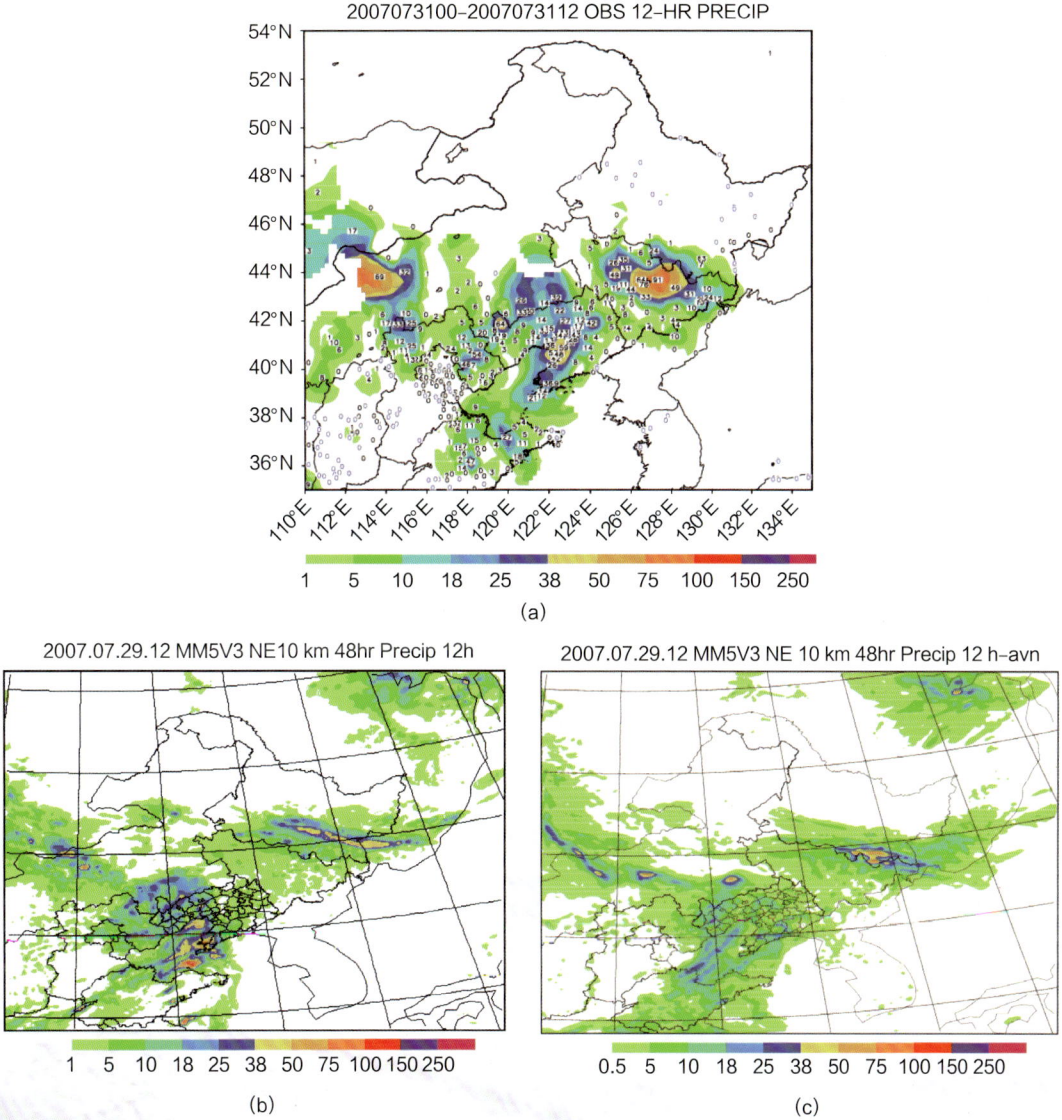

图 6-2-3　2007 年 7 月 29 日 12 时预报的 36～48 h 降水与对应实况
(a)：实况；(b)：IBLTYP=2；(c)：IBLTYP=5

2.2.2　IBLTYP=2 和 IBLTYP=6 的对比

IBLTYP=6 为 Gayno Seaman 方案，该方案基于 Mellor-Yamada TKE 预测方案，特点为液体水位温作为一个守恒量，使边界层过程在饱和条件下更准确地被描述，但其对冷涡预报的效果需要进行试验检验。

以天气学检验为主要手段，具体分析发现，在大多数情况下，两种方案预报的降水主体变化不大，但是，降水中心变化较大，体现在中心位置和强度两个方面。总体看来，IBLTYP=6 预报的冷涡降水中心位置比 IBLTYP=2 预报的降水中心位置有比较明显的改善，降水中心强度也有比较好的把握。分析 2007 年 7 月 17 日 12 时的预报，见图 6-2-4，对应于 2007 年 7 月 18 日 00—12 时这一时段 12 h 的降水，不同物理选项、不同起报时间的预报一般都不理想，主要是雨区预报偏北或辽宁省强降水预报范围偏大；选择 IBLTYP=6 则预报得到了较好的改善，首先是辽宁西南部地区强降水区的位置、强度与观测更接近，其次，对于吉林、辽宁两个降水区域降水强度的不同有很好的区分。而

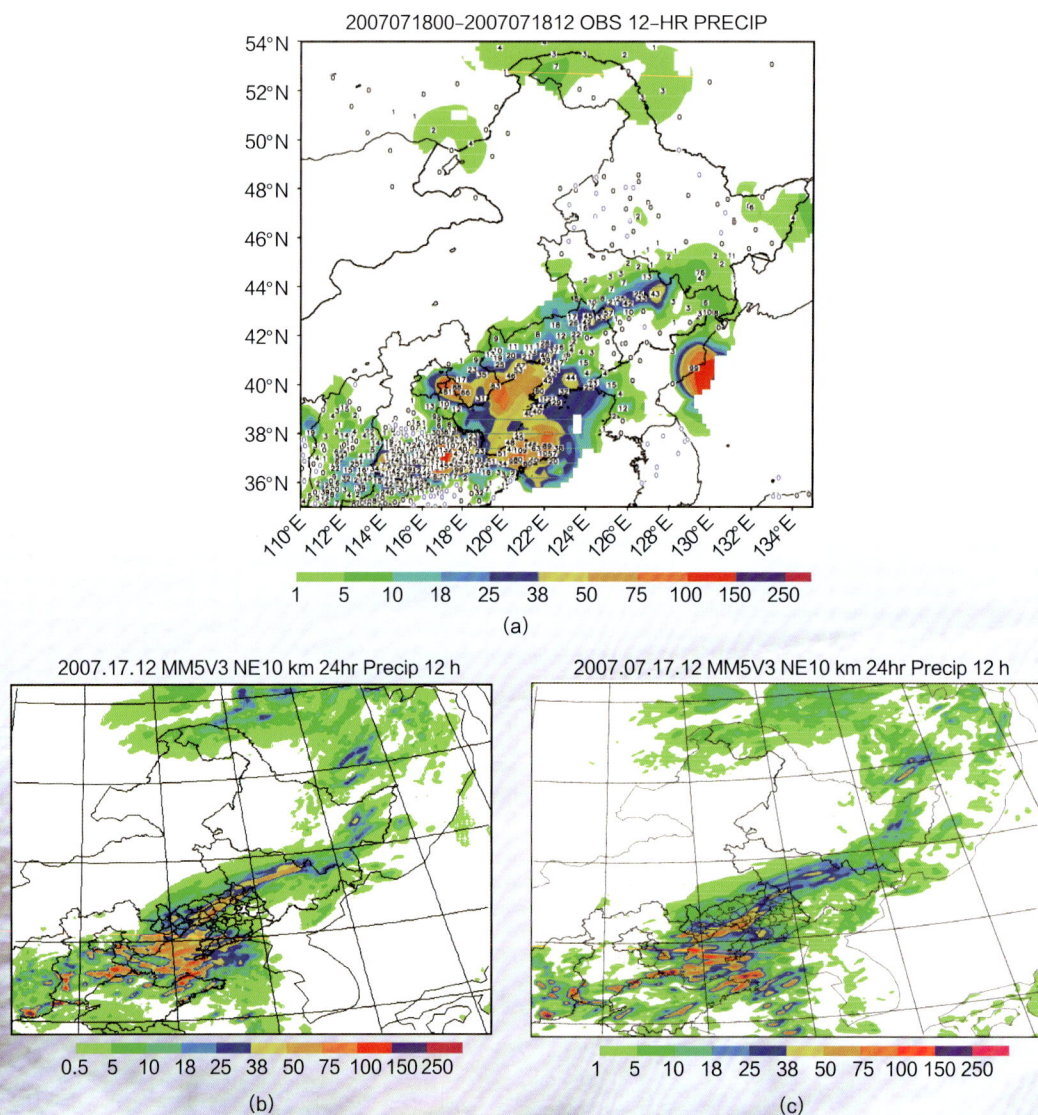

(a)

(b)

(c)

图 6-2-4　2007 年 7 月 12 日 12 时预报的 12~24 h 降水与对应实况
(a)：实况；(b)：IBLTYP=2；(c)：IBLTYP=6

IBLTYP=2 的预报，辽宁区域的强降水区偏北，山东半岛的预报不如 IBLTYP=6，且在吉林区域的降水预报中心偏强，没有一个一个的独立小中心。

图 6-2-5 给出了另一个个例的预报，从中可以看出，选择 IBLTYP=6 后，辽宁东部的降水中心位置得到了改善。

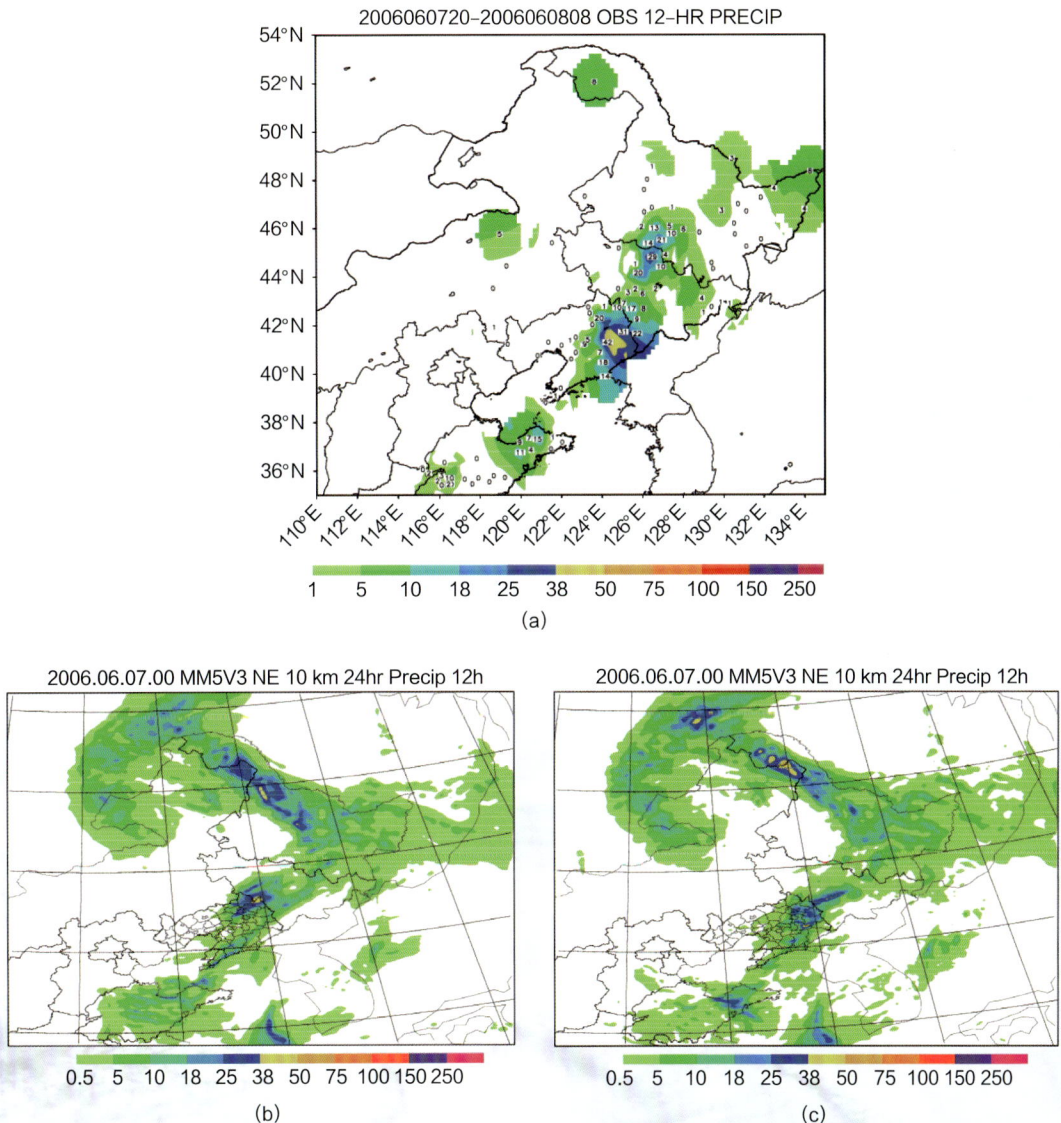

(a)

(b)

(c)

图 6-2-5　2007 年 6 月 7 日 00 时预报的 36～48 h 降水与对应实况
(a)：实况；(b)：IBLTYP=2；(c)：IBLTYP=6

结论：通过不同边界层方案对东北冷涡降水预报的试验，选择 IBLTYP=6 作为建立的东北冷涡数值预报模式的边界层选项

2.3　不同云中水汽垂直扩散方案

东北冷涡降水云系有复杂的物理过程，受大气层结的影响，云区与其上部晴空大气的混合是基于干绝热还是湿绝热对不同的降水过程的作用可能不同。进行 IMVDIF=0 和 IMVDIF=1 的对比试验。IMVDIF=1 和 IMVDIF=0 的区别在于：选择 1 云与晴空大气的混合基于湿稳定度，云的扩散按照湿绝热运动，即考虑了云内部的扩散，也考虑了云向上混入晴空大气的过程；而选择 0 是基于干稳定度。从理论来讲选择 1 考虑了更复杂的扩散过程，其在实际的预报效果需要验证。因此，进行 IMVDIF=0 和 IMVDIF=1 的降水预报对比。

表 6-2-3 给出了使用 IMVDIF=1、IMVDIF=0 方案对东北冷涡降水预报试验的 TS 评分。分析可见，选取 IMVDIF=0 时的 TS 评分在小雨—大雨的预报级别中最高，暴雨、大暴雨的预报评分略低于 IMVDIF=1。这个结果使得我们不能确定在东北冷涡数值预报系统中使用哪个选项，故针对所有试验个例，按照前面制定的天气学检验标准，进行天气学检验。

表 6-2-3　不同湿垂直扩散方案降水预报的 TS 评分

降水等级	时段 /h	IMVDIF=1	IMVDIF=0
小雨	0 ~ 24	0.42441	0.4811
	12 ~ 36	0.53445	0.58177
	24 ~ 48	0.63868	0.66149
中雨	0 ~ 24	0.24039	0.25748
	12 ~ 36	0.2819	0.34053
	24 ~ 48	0.38627	0.42545
大雨	0 ~ 24	0.11767	0.1404
	12 ~ 36	0.13717	0.14636
	24 ~ 48	0.20246	0.20634
暴雨	0 ~ 24	0.06744	0.06957
	12 ~ 36	0.07291	0.05514
	24 ~ 48	0.06719	0.06345
大暴雨	0 ~ 24	0.00971	0.00103
	12 ~ 36	0.00708	0.00038
	24 ~ 48	0.00453	0.00151

按照检验标准，对两种方案的预报个例以基本一致和一种方案更好来表示天气学检验结果，得到表6-2-4。由表可见，对于12～36 h的预报，IMVDIF=0在东北冷涡降水预报效果更好，0～12 h是IMVDIF=1更好，36～48 h时段两种方案预报效果一致，故在新建的东北冷涡数值预报系统中选择IMVDIF=0。

表6-2-4　两种湿垂直扩散方案天气学检验结果

预报时段 /h	IMVDIF=1	IMVDIF=0
0～12	好 10%	一致 90%
12～24		一致 90% 好 10%
24～36	好 10%	一致 60% 好 30%
36～48	好 22%	一致 56% 好 22%

2.4　不同湿过程显式方案试验

湿过程显式方案描述了天气过程中水各种相态之间的转换关系及其与气象要素之间的相互影响，直接预报网格尺度的降水。东北冷涡降水过程一般为对流性降水，对流云中发生着复杂的水各种相态（水汽、云水、云冰、雨水、雪、雹等）之间的转化，准确描述这些过程直接影响冷涡降水的预报，以下为微物理过程的对比检验。

IMPHYS=4为简单冰相方案，在暖云方案中简单加入冰相过程，不考虑过冷却水和冻层下雪的融化过程。IMPHYS=5为混合相方案（或Reisner 1），考虑了水汽、雨水、云水、云冰、雪之间的相互转化过程，考虑了过冷却水及雪的缓慢融化，但没有考虑霰的结晶过程。IMPHYS=6为Goddard微物理过程，包括了霰的预报方程，适合于云分辨模型。IMPHYS=7为Reisner 2方案，该方案在Reisner 1的基础上增加了霰和冰的数浓度的预报方程，适合云分辨模式。IMPHYS=8为Schultz微物理过程，是一个运行非常高效的简化方案，包含了水的各种过程，但主要为实时快速运行服务。可见这些方案均考虑了各种水相态之间转化，满足冷涡降水预报的需求，但IMPHYS=6、IMPHYS=7适合于云分辨模式，对10 km分辨率的东北区域中尺度模式的应用效果需要检验，IMPHYS=8为一个简化方案，对提高模式运行速度有作用，若其预报效果与其他方案接近，也是可选方案。

对这个物理选项进行的工作最多，分别对IMPHYS=4、IMPHYS=5、IMPHYS=6、

IMPHYS=7、IMPHYS=8 这 5 种选项的东北冷涡降水预报进行了批量试验，发现尽管工作虽多，但并没有哪个选项效果有较明显的优势，IMPHYS=7 预报的降水中心在许多个例明显偏弱，IMPHYS=8 有降水强中心漏报现象，IMPHYS=4 与 IMPHYS=6 预报结果相近，稍好于 IMPHYS=7、IMPHYS=8 两项，相比而言，IMPHYS=5 的预报效果要略好一些。

图 6-2-6 是 2007 年 4 月 19 日 00 时选择 IMPHYS=4 与 IMPHYS=5 预报的 12～24 h 降水和对应实况，分析图可见，IMPHYS=4 预报的降水中心明显弱于过程，IMPHYS=5 预报的降水中心偏强。由于冷涡降水常常是局地降水偏强，如果有加密观测资料，实况降水应该更强。

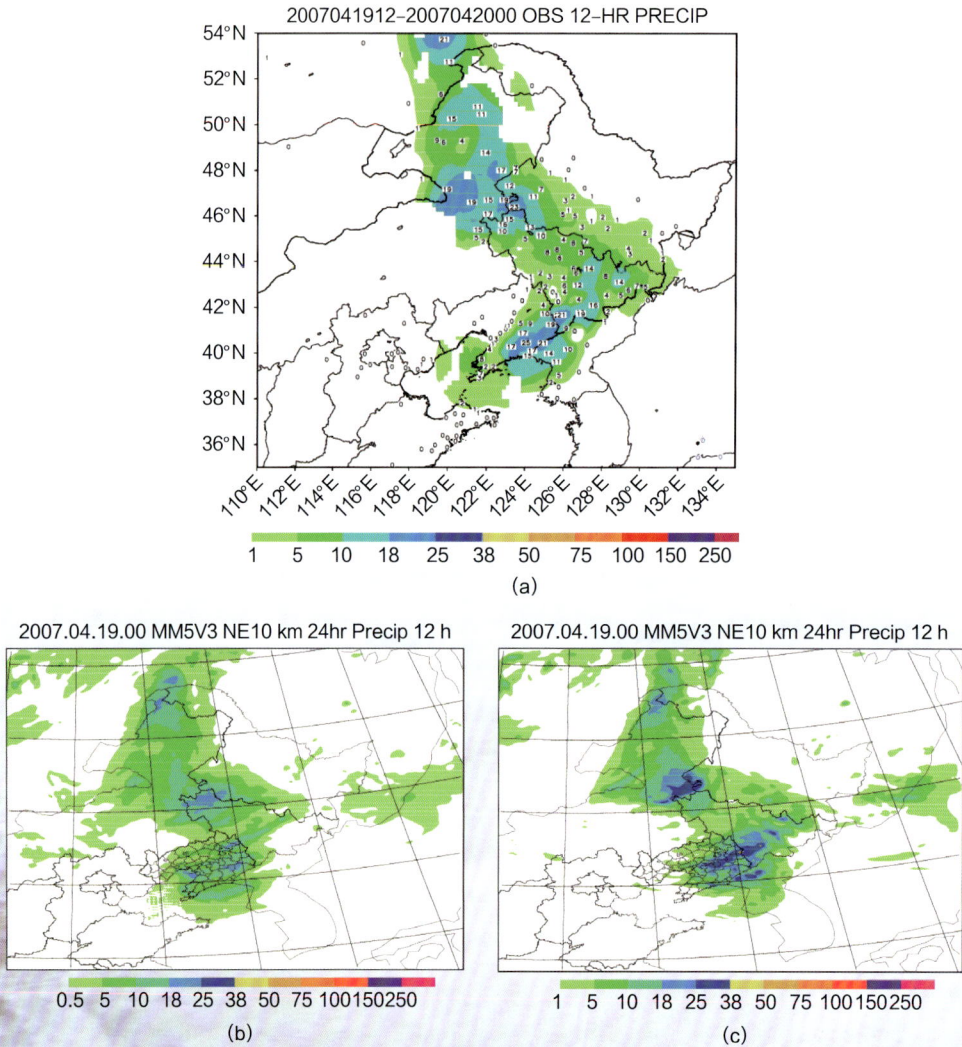

(a)

(b)

(c)

图 6-2-6 2007 年 4 月 19 日 00 时预报的 12～24 h 降水与对应实况
(a)：实况；(b)：IMPHYS=4；(c)：IMPHYS=5

结论：在东北冷涡数值预报模式中，选择 IMPHYS=5 作为湿过程显式方案选项。

2.5　不同热力粗糙度计算方法的对比

IZ0TOPT=0 和 IZ0TOPT=1 是模式中热力粗糙度的计算选项。东北冷涡常常诱发尺度较小的降水，这些降水过程受下垫面参数影响较大，IZ0TOPT 选择热力粗糙度计算方法，而改变热力粗糙度可以影响感热通量和潜热通量的大小，进而影响降水过程。该选项取 IZ0TOPT=0 和 IZ0TOPT=1 分别为不同的计算方法。IZ0TOPT=1 为选用 Garratt 粗糙度计算公式。

对这个物理选项的对比试验发现，选用不同的方案，其降水区的范围、位置量级变化很小，但是降水中心的位置有所改变。例如，图 6-2-7 是以 2006 年 6 月 7 日 00 时为起

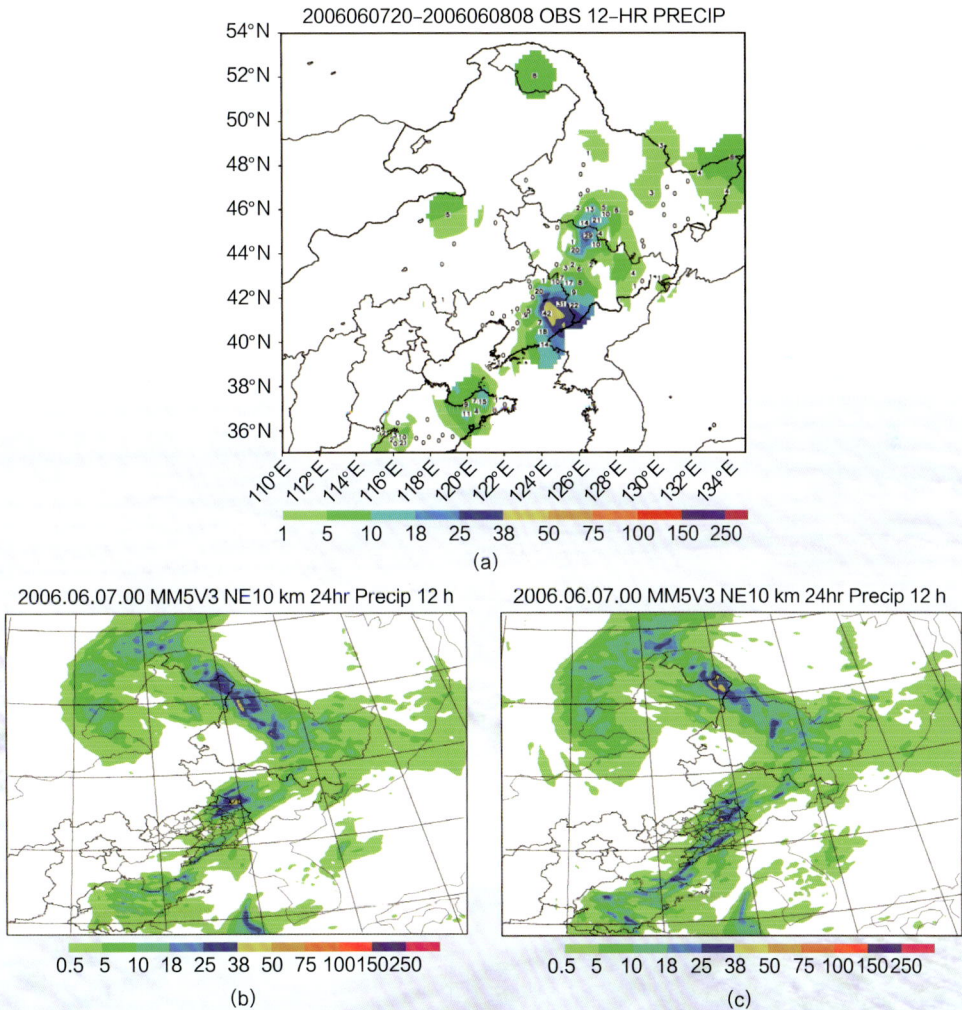

图 6-2-7　2006 年 6 月 7 日 00 时预报的 12～24 h 降水与对应实况
(a)：实况；(b)：IZ0TOPT=0；(c)：IZ0TOPT=1

报时间预报的两种方案的 12 ~ 24 h 降水量场，由图可见，两种方案中黑龙江省西北角和辽宁省东北角的降水中心位置均有变化。从形势场分析来看，500 hPa 冷涡中心位置和强度两个方案预报基本一致，IZ0TOPT=0 预报冷涡中心略偏西，IZ0TOPT=1 的预报与实况更接近一些。因此，选择 IZ0TOPT=1 进入冷涡模式选项。

2.6 不同上层边界条件方案试验

模式中上层边界条件可以有不同的处理方法，IFUPR=0 为刚性模式顶，没有垂直速度，适合粗网格（格距 > 50 km）模拟。IFUPR=1 模式顶的垂直速度被计算出来以减小模式顶能量的反射，防止噪声的积累及地形能量的虚假堆积。所以对于分辨率 10 km 的东北区域中尺度模式一般应该选择 IFUPR=1。

分别使用 IFUPR=0 和 IFUPR=1 两种方案对东北冷涡降水预报进行试验，并进行天气学检验。检验结果表明，两种方案预报的降水主体强度、位置基本一致，降水中心强度 IFUPR=1 方案在部分个例略好一些。图 6-2-8 为两种方案以 2008 年 10 月 22 日 00 时为初始时刻预报的 12 ~ 24 h 的降水场和对应实况，由图可见，IFUPR=1 方案预报的辽宁西部的降水强度比 IFUPR=0 的预报更接近观测。因此，在东北冷涡模式中选择 IFUPR=1。

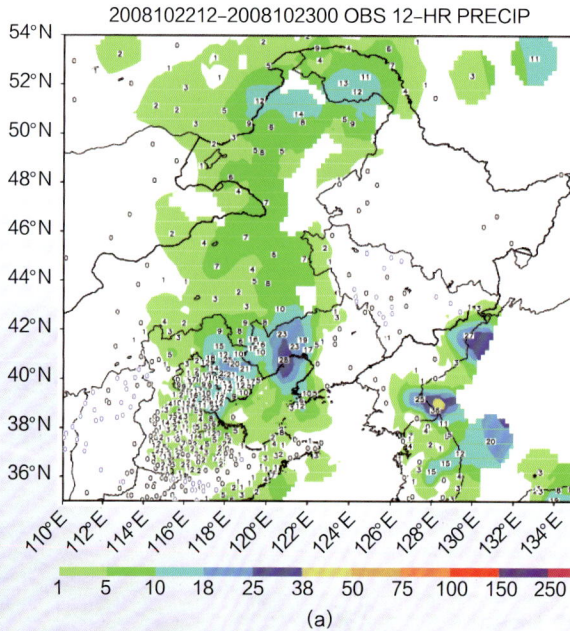

2008102212-2008102300 OBS 12-HR PRECIP

(a)

2008.10.22.00 MM5V3 NE10 km 24hr Precip 12 h　　　2008.10.22.00 MM5V3 NE10 km 24hr Precip 12 h

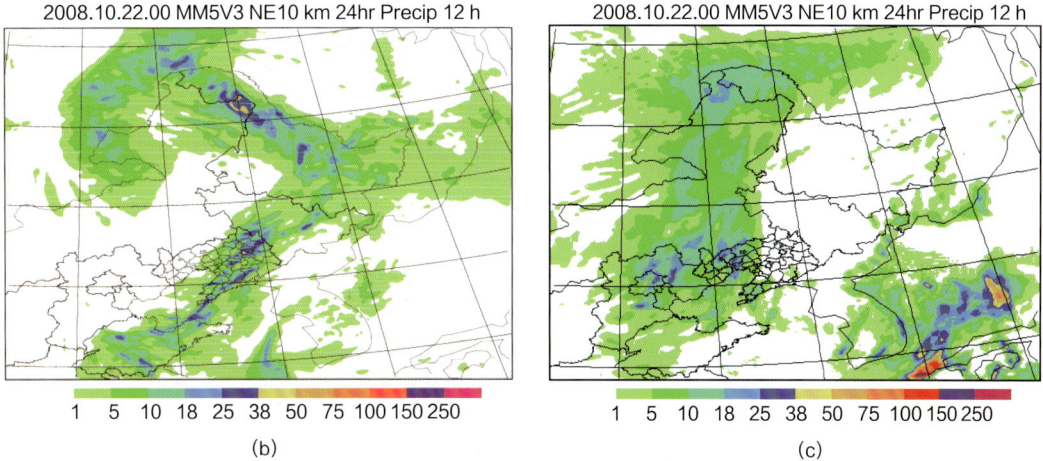

1　5　10　18　25　38　50　75　100 150 250　　　1　5　10　18　25　38　50　75　100 150 250

(b)　　　　　　　　　　　　　　(c)

图 6-2-8　2008 年 10 月 22 日 00 时预报的 12~24 h 降水与对应实况
(a)：实况；(b)：IFUPR=0；(c)：IFUPR=1

2.7　不同积云参数化方案试验

东北冷涡降水常常是对流性降水，在目前模式分辨率还不能完全分辨对流云之前，必须采用积云参数化，以预报次网格尺度降水，提高降水预报水平。以下为对模式提供的几个适合高分辨模式的积云参数化方案的试验对比。

分别选择 ICUPA=3、ICUPA=6、ICUPA=8，ICUPA=3 为 Grell 方案，该方案基于大气不稳定度和准平衡关系，是一个简单的单云方案，由上升、下沉通量和补偿运动决定大气温湿廓线，趋于可分辨尺度降水和对流降水之间的平衡，切变对降水效率的影响也被考虑，适用于 10～30 km 网格分辨率模式。ICUPA=6 为 Kain-Fritsch 方案，该方案使大气向由于上升、下沉气流和下沉区属性决定的大气廓线调整，采用一个精细的混合云方案确定卷入和卷出，在对流调整时间除去所有可用的浮力能，该方案能够预报上升、下沉气流属性和卷出的云和降水。ICUPA=8 是改进的 Kain-Fritsch 方案，在其基础上加入了浅对流。可见这 3 个方案不但分辨率满足模式需求，而且也可以较好地描述冷涡对流特性，需要通过试验来确定其预报效果。

2.7.1　ICUPA=3 和 ICUPA=6 的对比

选择 Grell 方案与 Kain-Fritsch 方案对比，在大部分个例中，两种方案的预报有差别，天气学检验表明，Grell 方案预报的效果在冷涡降水中要更好一些。图 6-2-9 为 2008 年 10 月 22 日 12 时预报一次东北冷涡的 12～24 h 降水场与对应实况，由图可见，两个方案预报的差别主要在辽宁省辽河流域入海口一带，即辽宁省的降水中心，Grell 方案预报的中心位置与强度均与观测相近，Kain-Fritsch 方案预报的降水中心较零散，在辽宁的东部空报了相对强的降水中心。

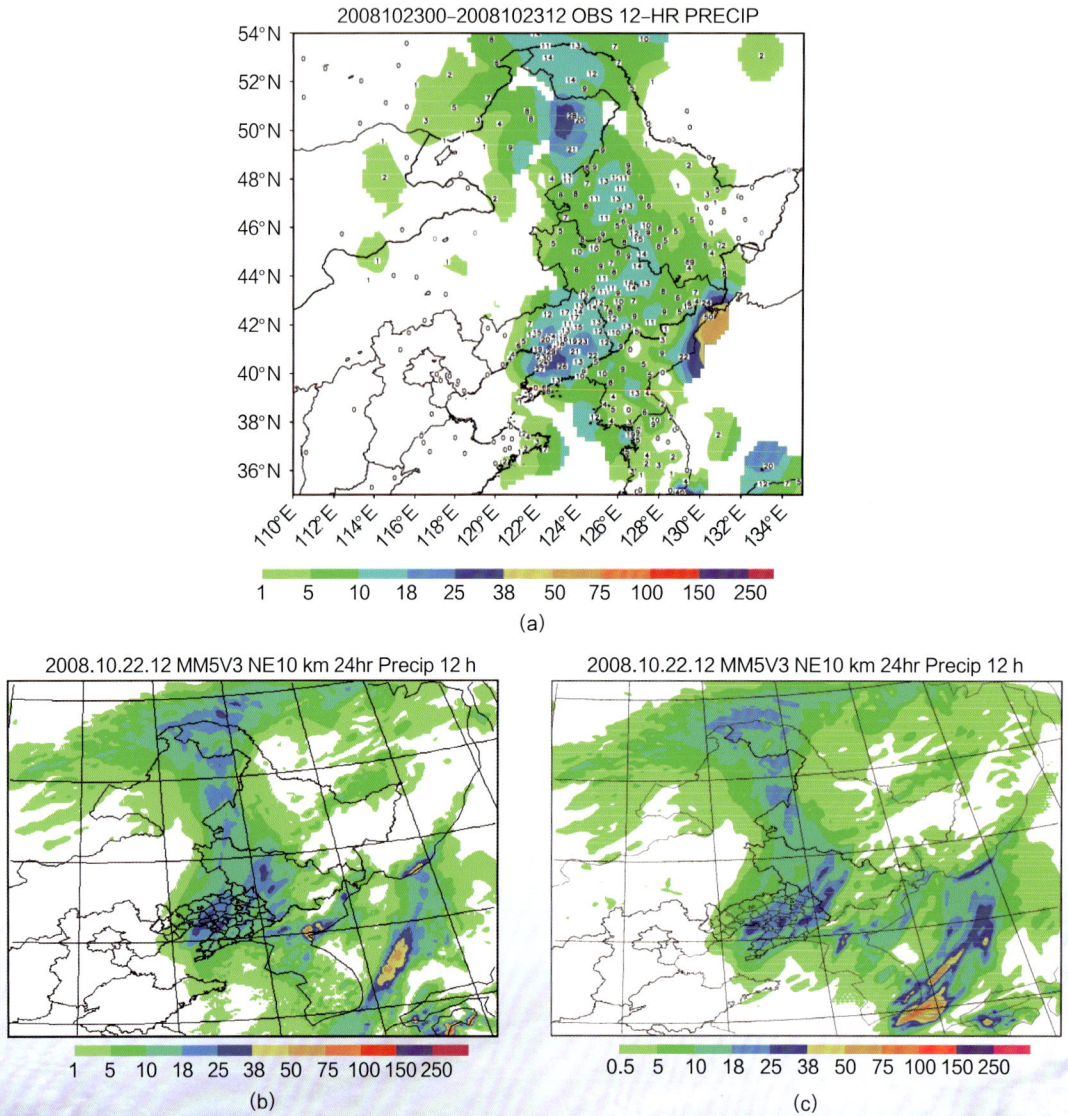

(a)

(b)

(c)

图 6-2-9 2008 年 10 月 22 日 12 时预报的 12～24 h 降水与对应实况
（a）：实况；（b）：ICUPA=3；（c）：ICUPA=6

图 6-2-10 为 2008 年 10 月 22 日 00 时两个方案预报的 12～24 h 降水场与对应实况，这次预报与前次不同，Kain-Fritsch 方案没能预报出锦州一带的降水中心，或者说预报的雨量偏小，漏报了出现大雨的降水中心。总体看来，Grell 方案的预报要更稳定一些。

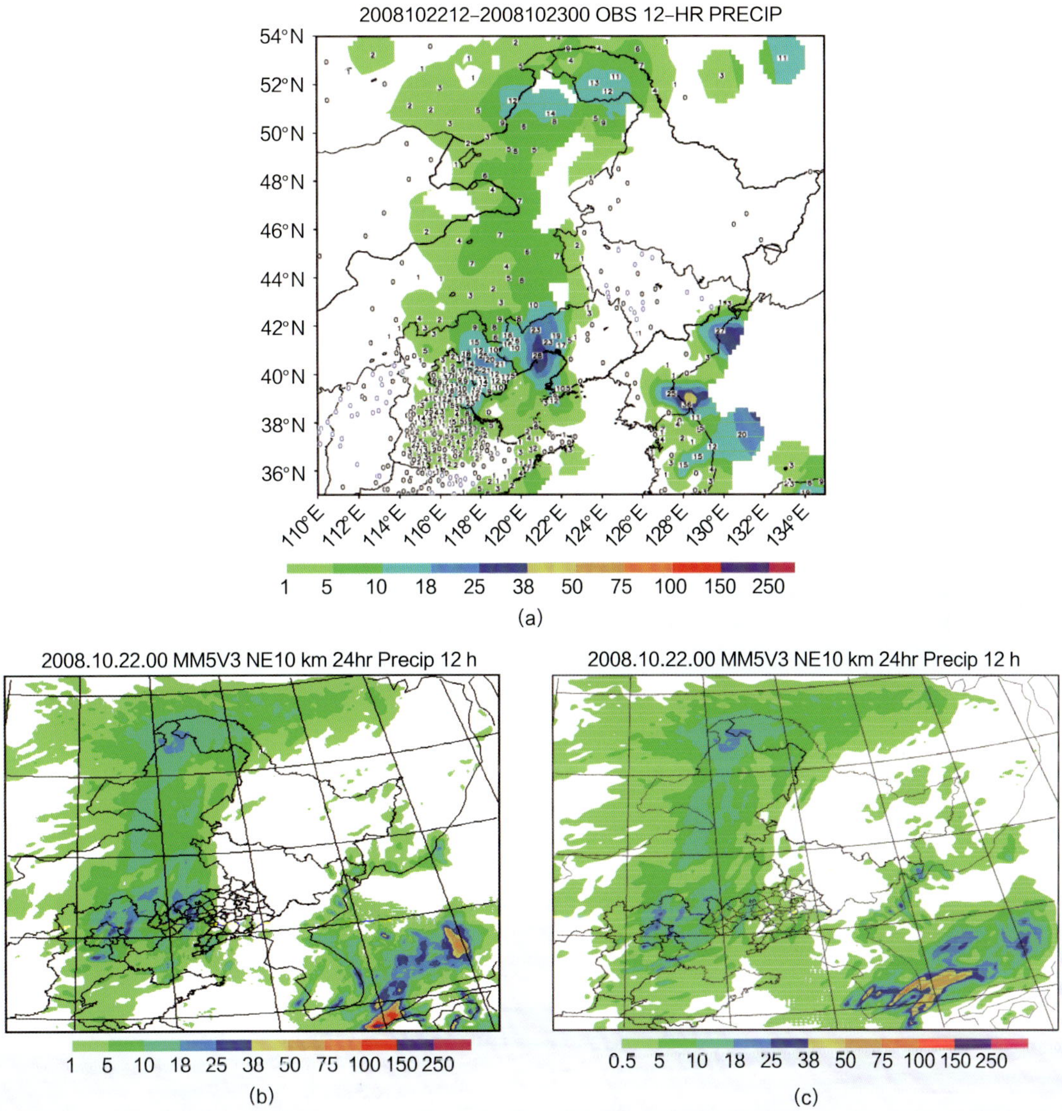

图 6-2-10　2008 年 10 月 22 日 00 时预报的 12~24 h 降水与对应实况
(a)：实况；(b)：ICUPA=3；(c)：ICUPA=6

2.7.2　ICUPA=3 和 ICUPA=8 的对比

将 Grell 方案再与改进的 Kain-Fritsch 方案进行比较，同样发现，在 ICUPA=6 中出现的问题在 ICUPA=8 中没有得到改善。图 6-2-11 给出了 2008 年 5 月 23 日 00 时预报的 12~24 h 降水与对应实况，由图可以看出，改进的 Kain-Fritsch 方案在吉林省空报了一个强中心，整体从降水落区预报、降水中心位置预报方面分析，均没有 Grell 方案的预报理想。

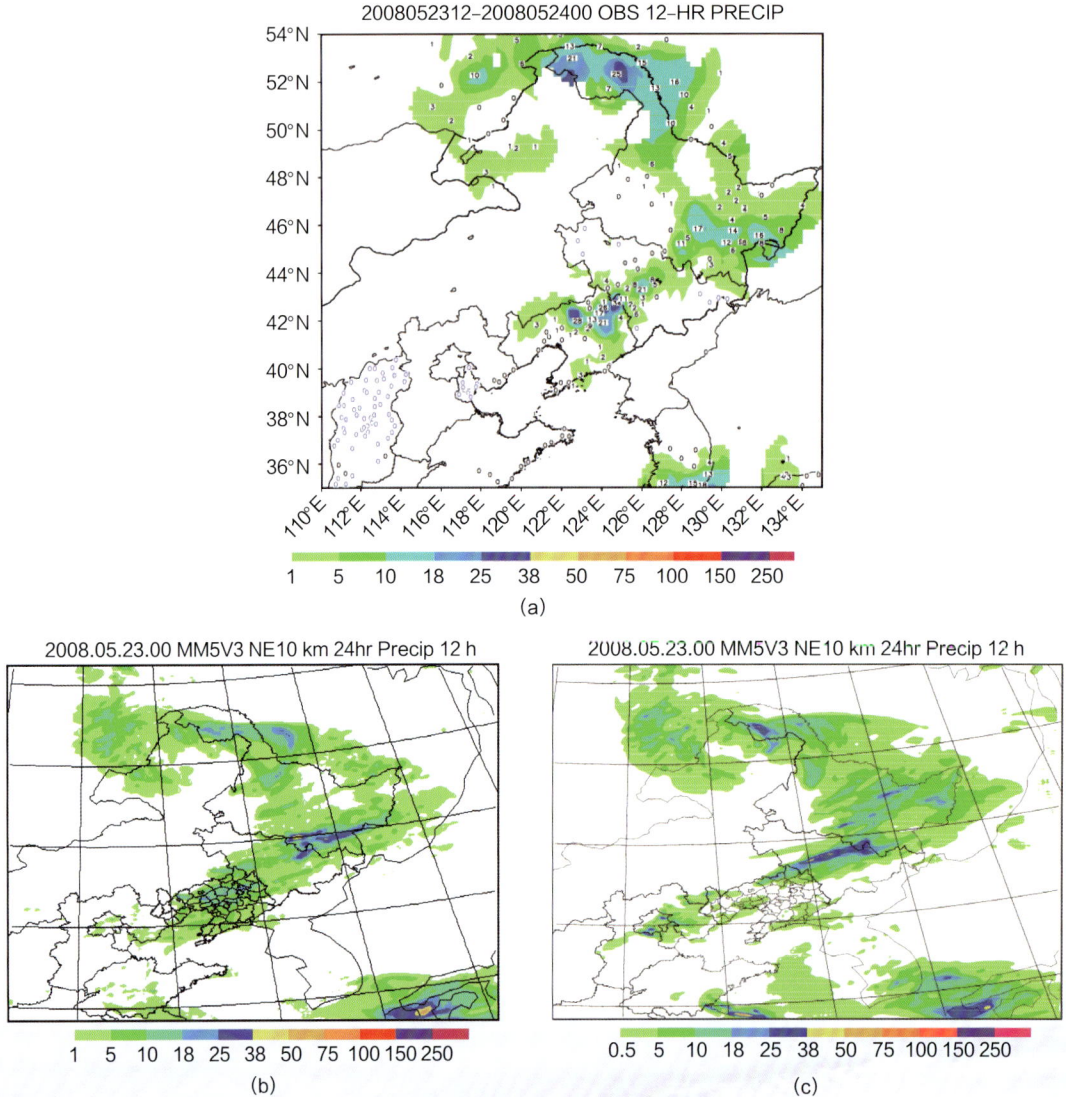

图 2-11　2008 年 5 月 23 日 00 时预报的 12~24 h 降水与对应实况
（a）：实况；（b）：ICUPA=3；（c）：ICUPA=8

2.8　不同模式顶高度试验

目前在东北区域中尺度数值预报业务中使用的模式顶高度是 100 hPa，由于模式顶容易出现能量的反射、噪声的积累及地形能量的虚假堆积，这些都对模式预报产生影响，而模式顶取不同的高度对模式预报的影响可能是不同的，有试验研究表明更高的模式顶对高空急流的强度和位置模拟得更好。东北冷涡诱发的强对流系统较一般的天气系统更为深厚，所以有必要试验不同模式顶高度对冷涡预报的影响。由于目前 T213 下发的产品有 50 hPa，故取模式顶为 50 hPa 进行试验，分析两种不同模式顶对东北冷涡降水预报的差异。

对全部冷涡个例进行两种模式顶高度计算，然后使用天气学检验分析。检验发现，在大部分情况下，模式顶取 100 hPa 和取 50 hPa 对东北冷涡降水的影响很小，但是，有小部分个例两个方案对降水预报还是存在差别，这种差异有中心强度方面的，雨区位置和范围等方面的。总体来看，当两个方案的预报存在差异时，基本都是模式顶为 50 hPa 时预报得更好。以下给出一些实例。

举例 1：从 2008 年 5 月 25 日 00 时为初始时刻预报的 48 ~ 60 h 降水可以明显看出，模式顶为 100 hPa 时，在辽宁省东北角空报了一个强降水中心，模式顶为 50 hPa 时的预报则与观测接近，见图 6-2-12。

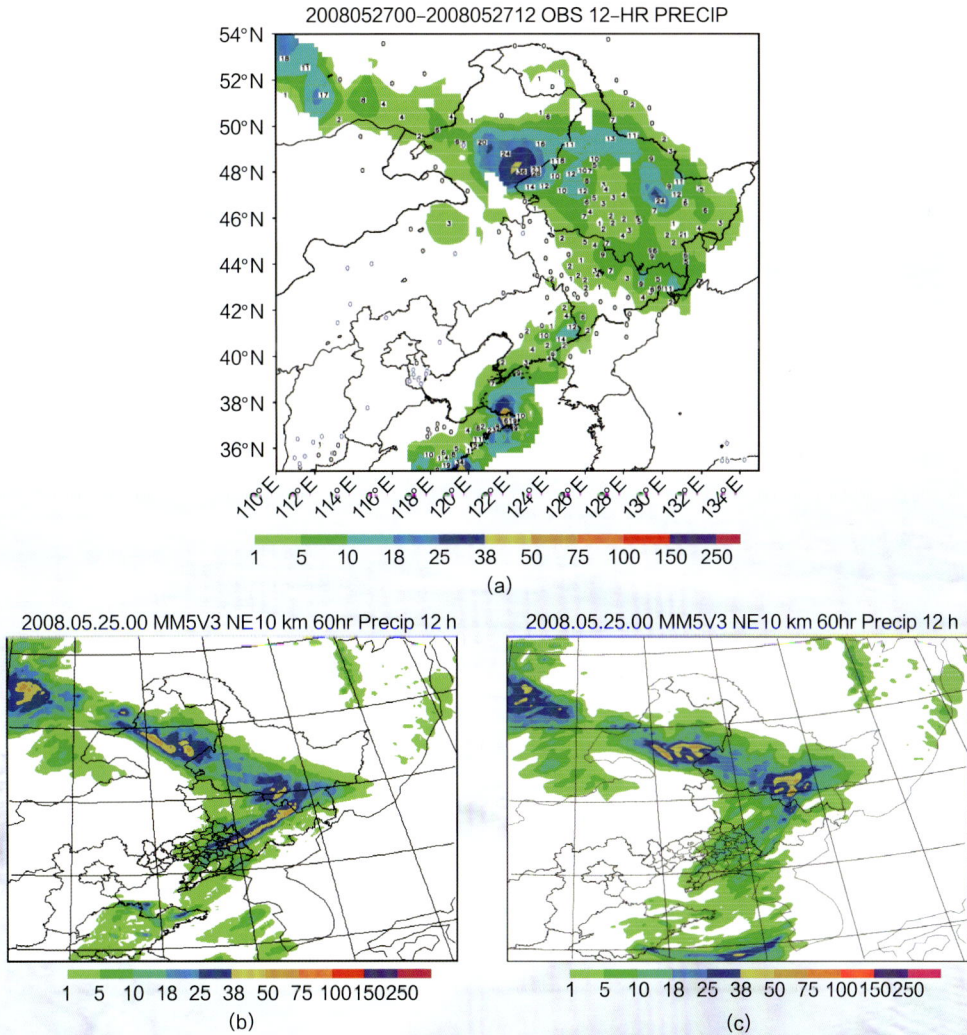

(a)

(b)

(c)

图 6-2-12　2008 年 5 月 25 日 00 时预报的 48~60 h 降水与对应实况
(a)：实况；(b)：模式顶为 100 hPa；(c)：模式顶为 50 hPa

举例2：从 2008 年 5 月 29 日 12 时为初始时刻预报的 48～60 h 降水可以明显看出，模式顶为 100 hPa 时，预报的雨区位置更偏西，雨区范围偏小，见图 6-2-13。

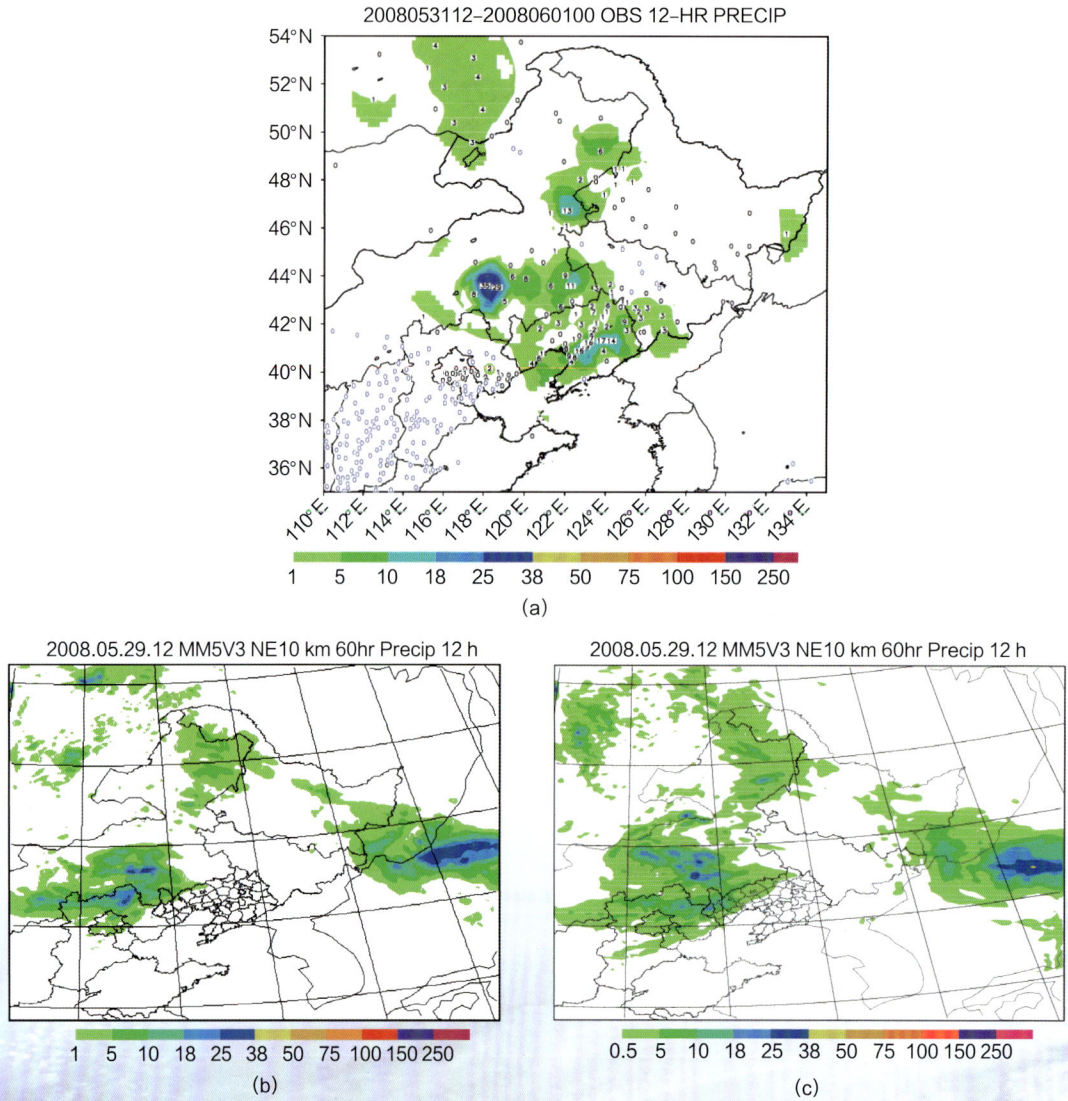

2008053112-2008060100 OBS 12-HR PRECIP

(a)

2008.05.29.12 MM5V3 NE10 km 60hr Precip 12 h

(b)

2008.05.29.12 MM5V3 NE10 km 60hr Precip 12 h

(c)

图 6-2-13　2008 年 5 月 29 日 12 时预报的 48～60 h 降水与对应实况
(a)：实况；(b)：模式顶为 100 hPa；(c)：模式顶为 50 hPa

举例3：分析 2008 年 5 月 30 日 12 时为初始时刻预报的 36～48 h 降水场和对应实况，可以看出，模式顶为 50 hPa 时，基本能够报出与观测相近的辽宁北部、东南部两条东北—西南向的雨带，而模式顶为 100 hPa 时，则只报出了一个中心，见图 6-2-14。

(a)

(b)

(c)

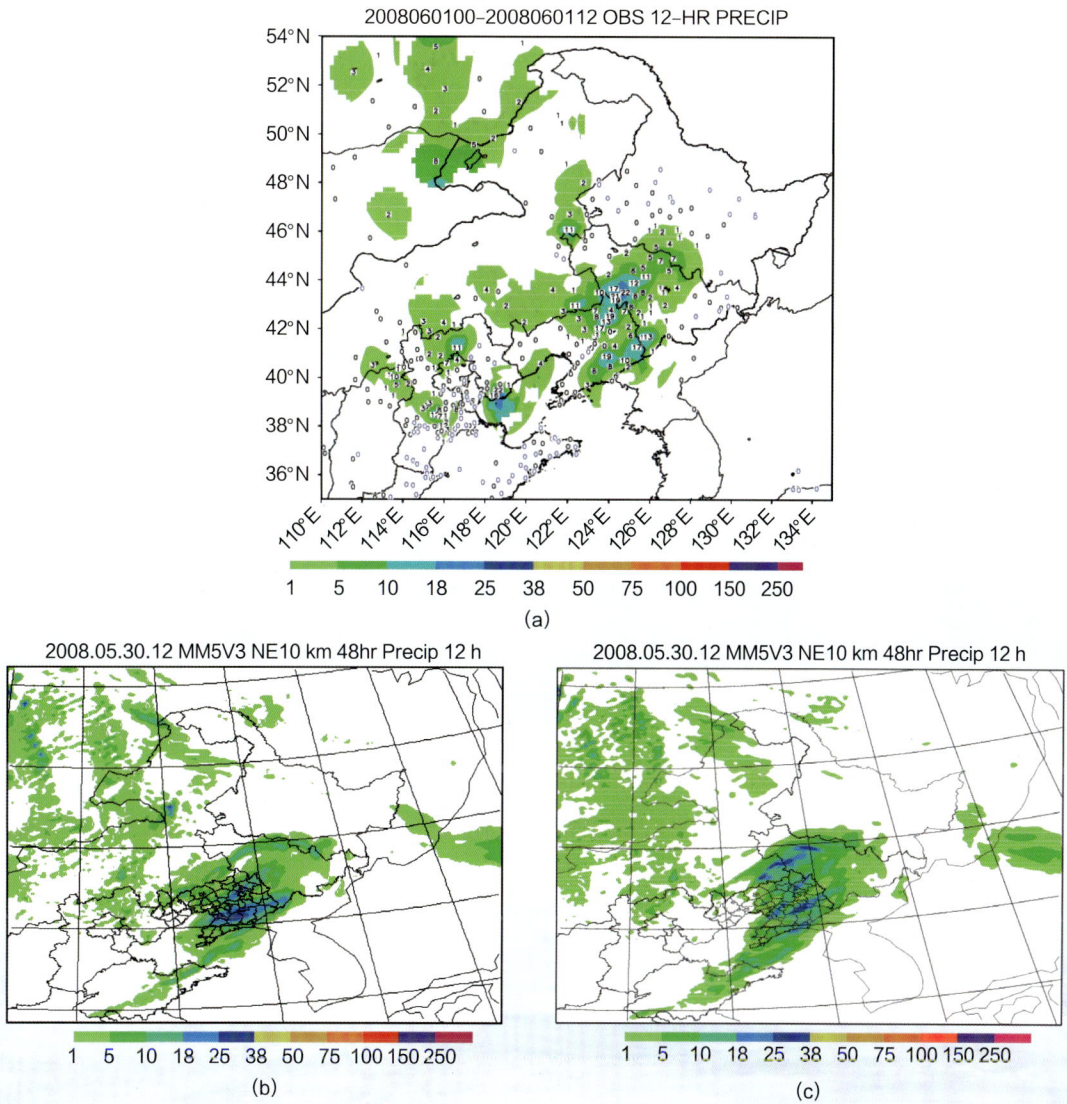

图 6-2-14 2008 年 5 月 30 日 12 时预报的 48~60 h 降水与对应实况
（a）：实况；（b）：模式顶为 100 hPa；（c）：模式顶为 50 hPa

结论：对东北冷涡的数值预报模式，选择模式顶为 50 hPa 总体效果更理想。

2.9 其他方案的试验

对温度平流计算使用位温 ITHADV=1、温度平流中使用不稳定限制 IQADVM=1 等物理选项对东北冷涡降水预报进行了试验，发现这几个选项对东北冷涡降水预报的影响很小，所以不做特殊考虑。

3 建立东北冷涡数值预报模式

3.1 部分参数重新配置

在第 2 章大量试验的基础上，对原东北区域中尺度数值预报业务系统中的部分物理过程、参数化方案进行重新配置，形成东北冷涡数值预报模式。如果试验结果是原方案好，则保留；其他方案好，则重组。建立的冷涡模式对原物理方案进行的主要改动在表 6-3-1 中给出。

表 6-3-1　东北冷涡模式中部分参数配置

物理方案名称	变量名	原选	新选
辐射方案	FRAD	2	4
边界层方案	IBLTYP	2	6
云中水汽垂直扩散方案	IMVDIF	1	0
湿过程显式方案	IMPHYS	4	5
热力粗糙度计算方法	IZOTOPT	0	1
模式顶高度 /hPa		100	50
上层辐射边界条件	IFUPR	0	1

3.2 东北冷涡数值模式预报性能

利用新建立的东北冷涡数值预报系统对东北冷涡预报个例进行计算，许多个例的降水预报效果较好，图 6-3-1 与图 6-3-2 给出了两个东北冷涡的降水预报和对应实况。

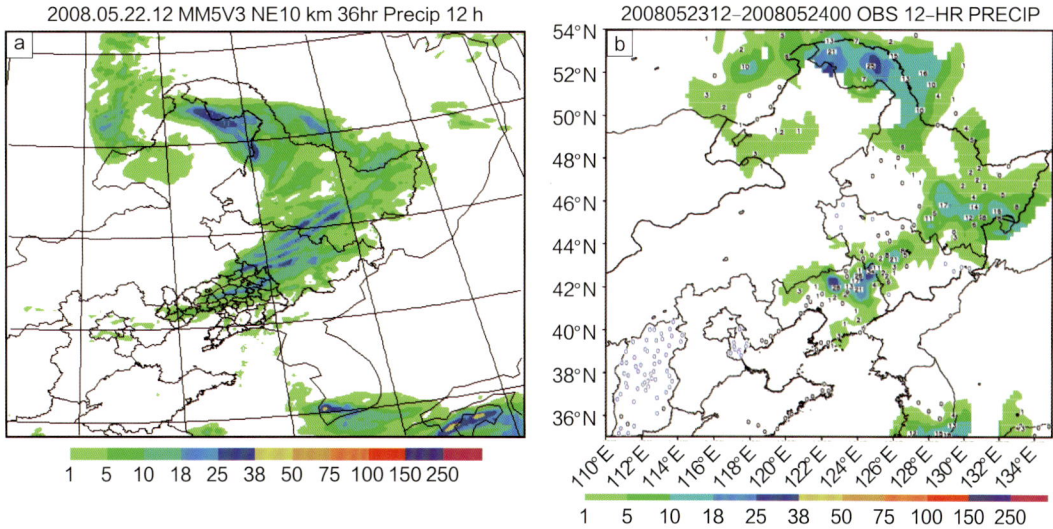

图 6-3-1　2008 年 5 月 22 日 12 时预报的 24～36 h 降水（b）与对应实况（a）

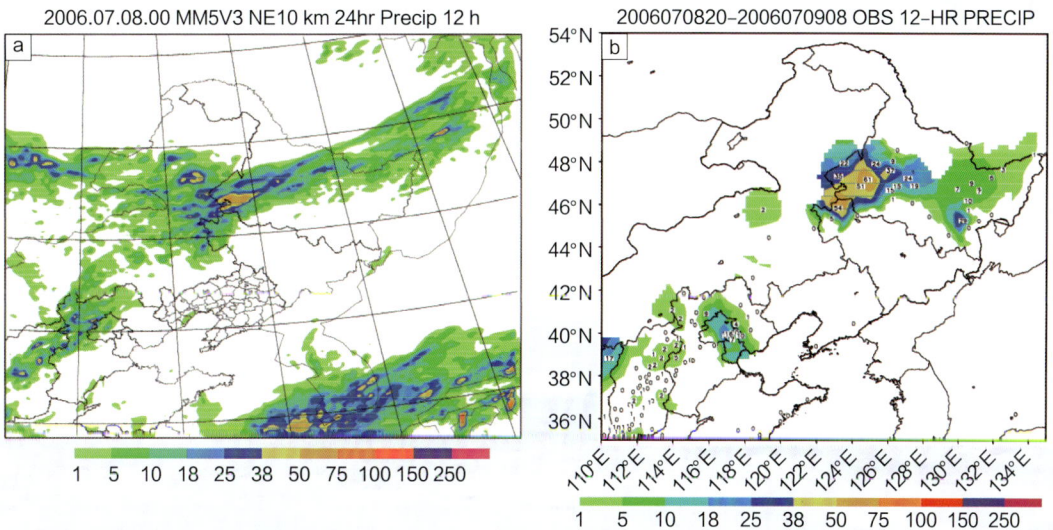

图 6-3-2　2006 年 7 月 8 日 00 时预报的 12～24 h 降水（b）与对应实况（a）

　　将东北冷涡模式的降水预报与原东北区域中尺度数值预报业务系统对东北冷涡的预报结果进行对比发现，在新的冷涡预报系统中，许多东北冷涡个例的预报结果得到改善，部分个例预报质量相当，不如原模式的预报相对要少。以下将从不同方面举例说明。

　　举例 1：预报雨带位置及降水中心的改善

　　图 6-3-3 是 2007 年 7 月 17 日 12 时预报的 12～24 h 降水与对应实况。对这个个例，以前做过多种不同试验方案、不同预报时段的降水预报，其预报的降水区域和降水中心位置都与原东北区域中尺度数值预报业务系统预报的降水场类似，没有一种方案的预报把实况观测中吉林中部和辽宁南部的两个降水中心有序地分隔开，基本上是在辽宁境内空报了

一个强降水带，也有的预报漏掉了吉林省内的强降水带。但是新建的冷涡模式在这个时次的预报，较好地预报出雨带的形状、强降水中心，对山东半岛强降水正确的预报，也是多次试验中所没有的。

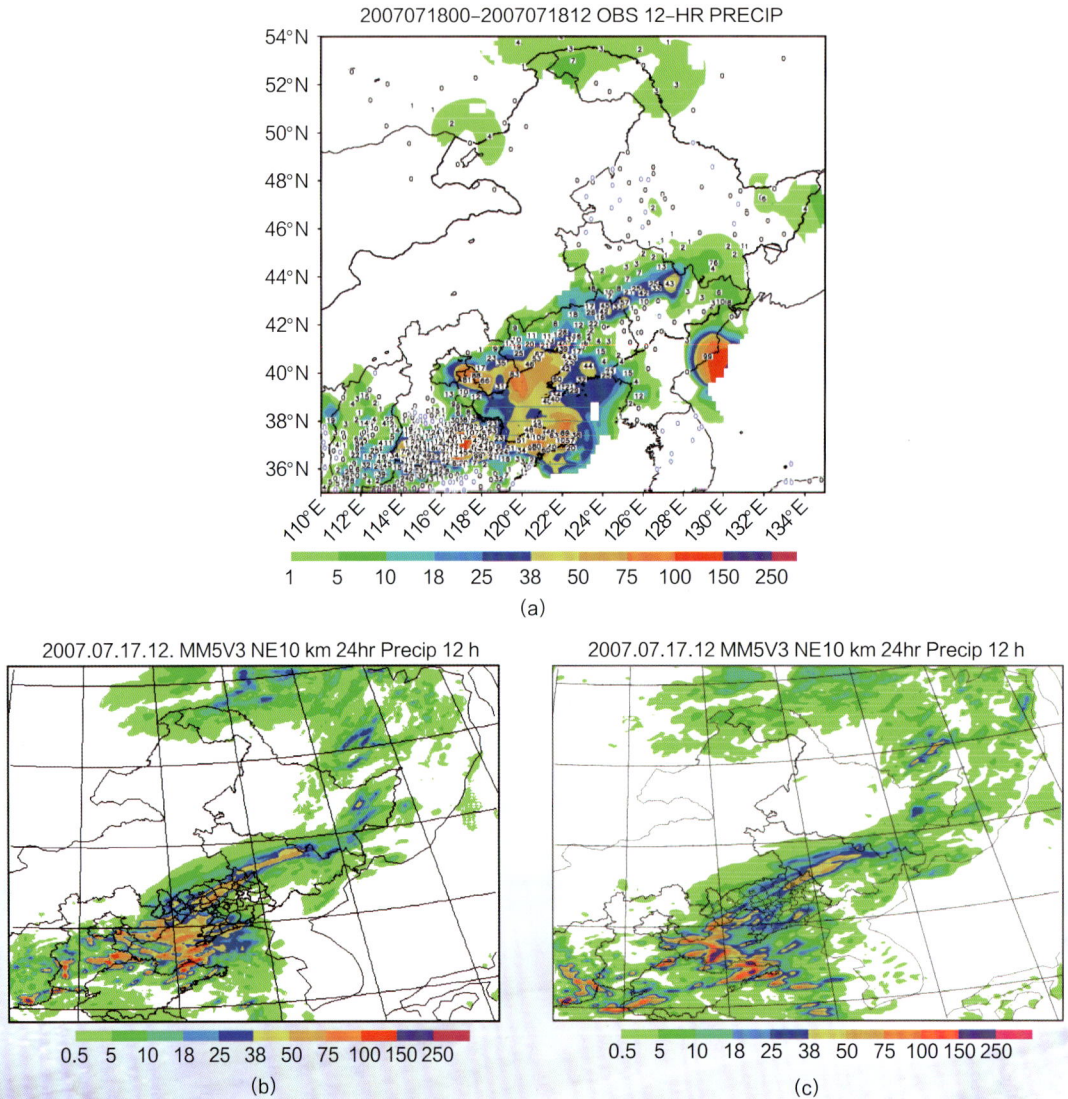

2007071800–2007071812 OBS 12-HR PRECIP

1　5　10　18　25　38　50　75　100　150　250

(a)

2007.07.17.12. MM5V3 NE10 km 24hr Precip 12 h

0.5　5　10　18　25　38　50　75　100　150　250

(b)

2007.07.17.12 MM5V3 NE10 km 24hr Precip 12 h

0.5　5　10　18　25　38　50　75　100　150　250

(c)

图 6-3-3　2007 年 7 月 17 日 12 时预报的 12～24 h 降水与对应实况
(a)：实况；(b)：原模式预报；(c)：冷涡模式预报

举例 2：预报降水中心位置的改善

图 6-3-4 为 2008 年 5 月 26 日 00 时预报的 12～24 h 降水与对应实况，由观测图可见，这次过程，在辽宁省的东北角有一个降水中心，分析原模式与冷涡模式的预报能够看出，两个降水预报场的整体形状基本一致，但是，原模式预报的辽宁省内降水中心位置在辽宁省中心，不在东北角，中心位置预报有较大偏差，而冷涡模式则相对较好地预报了辽宁省的降水中心位置。

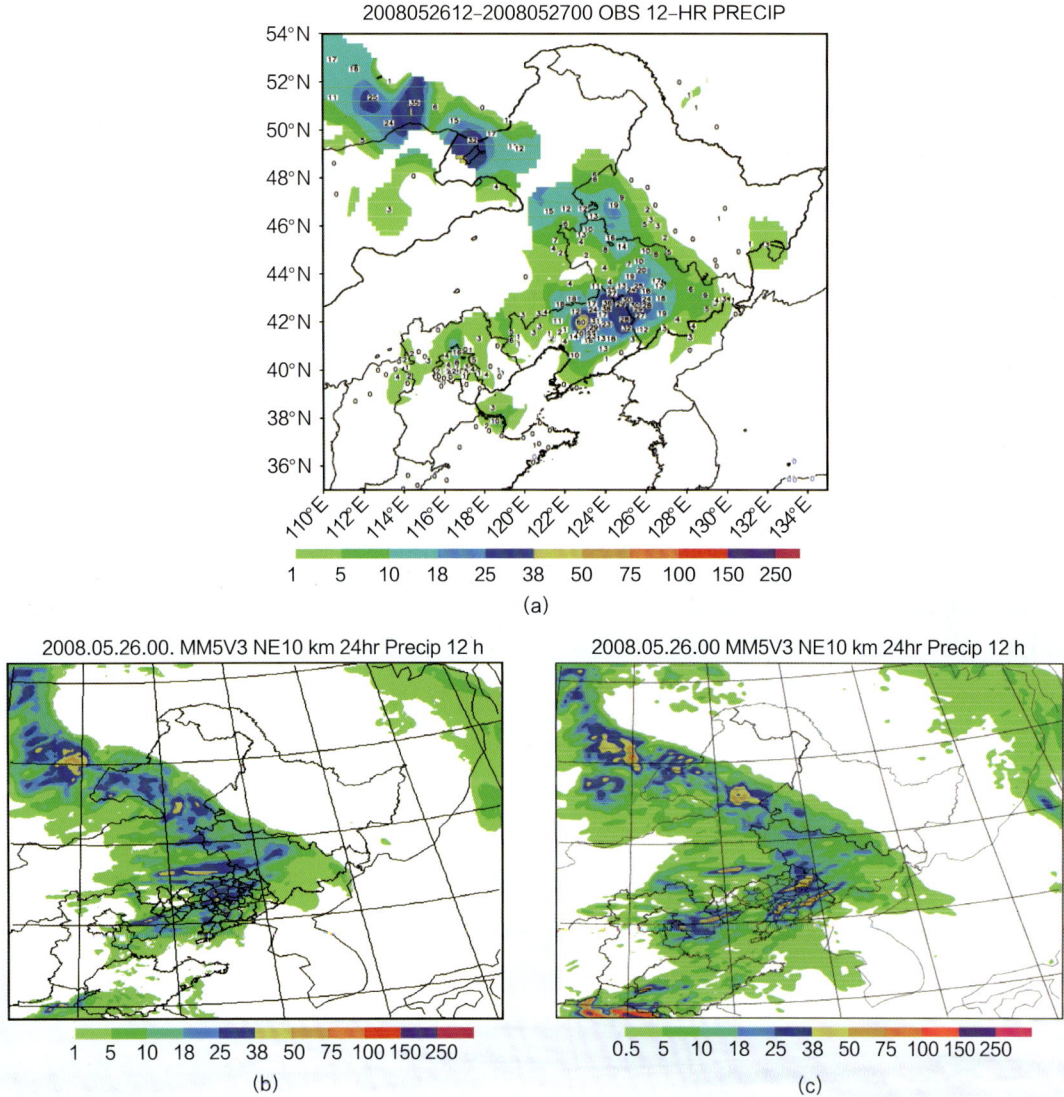

图 6-3-4　2008 年 5 月 26 日 00 时预报的 12~24 h 降水与对应实况
(a)：实况；(b)：原模式预报；(c)：冷涡模式预报

举例 3：预报雨区范围的有所改善

图 6-3-5 为 2008 年 5 月 23 日 12 时预报的 12~24 h 降水与对应实况，原模式与冷涡模式预报的雨带整体形状相似，但是在内蒙古东北角，辽宁东部区域原模式预报的雨区范围偏小，冷涡模式的预报有所改善。

表 6-3-2 为冷涡模式的部分个例（较强降水过程）的降水 TS 评分与原模式对应个例的评分对比。分析表可见，在 00~24 h 预报时段，冷涡模式的降水评分在不同降水量级皆比原模式的评分有较大的提高，在 12~36 h 预报时段，大雨以下级别的降水，冷涡模式的降水评分比原模式有所提高，而 24~48 h 预报时段，在中雨以上的降水级别，冷涡

模式的 TS 评分比原模式有所降低。

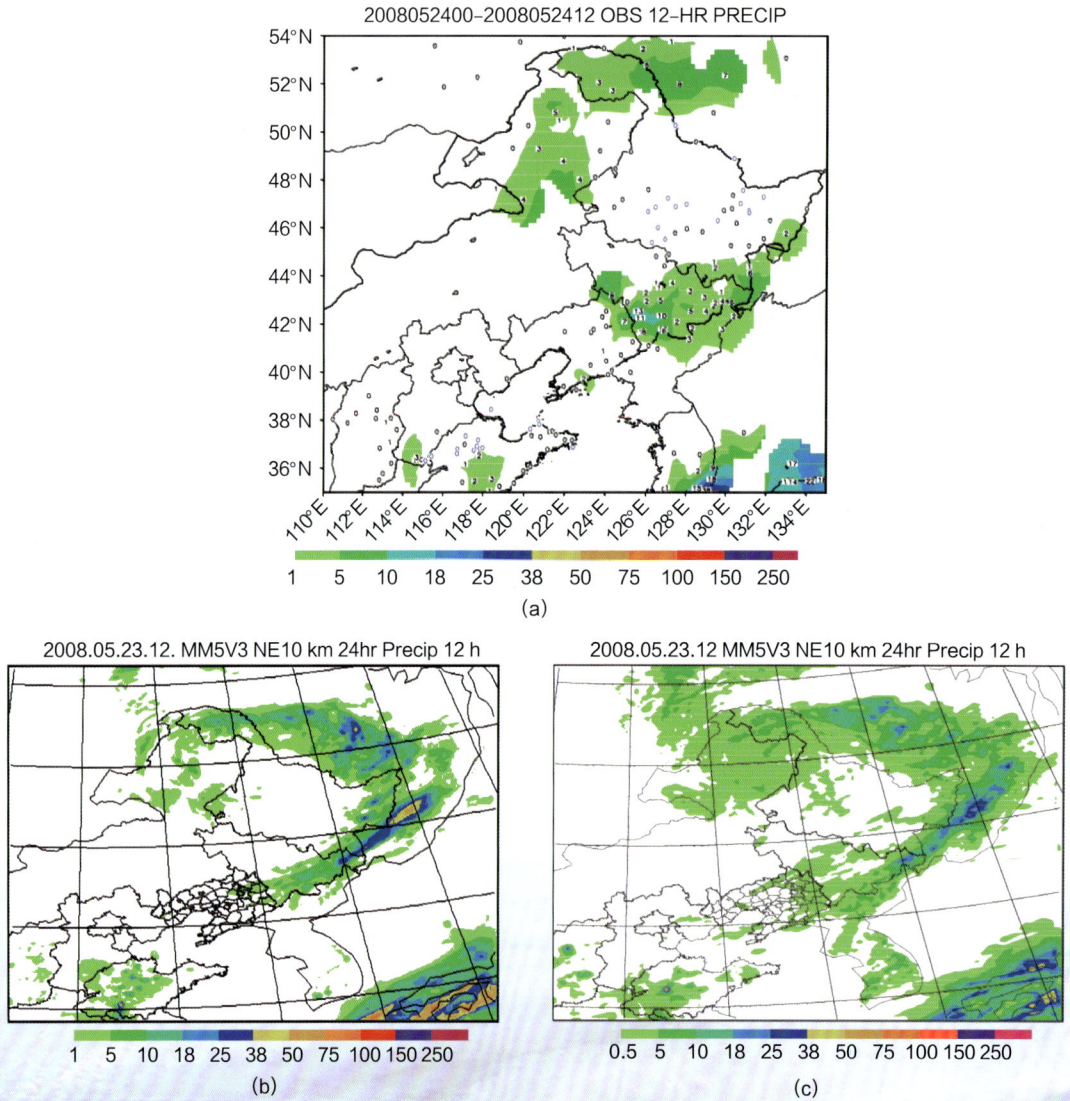

(a)

(b)

(c)

图 6-3-5 2008 年 5 月 23 日 12 时预报的 12~24 h 降水与对应实况
(a)：实况；(b)：原模式预报；(c)：冷涡模式预报

表 6-3-2 冷涡模式与原模式降水预报的 TS 评分

降水等级	时段 /h	冷涡模式	原模式
	0~24	0.73082	0.65641
小雨	12~36	0.75356	0.70263
	24~48	0.73161	0.71914

续表

降水等级	时段 /h	冷涡模式	原模式
中雨	0 ~ 24	0.46825	0.4483
	12 ~ 36	0.51403	0.51214
	24 ~ 48	0.50835	0.54146
大雨	0 ~ 24	0.27182	0.2417
	12 ~ 36	0.29887	0.29651
	24 ~ 48	0.25133	0.27029
暴雨	0 ~ 24	0.07322	0.05808
	12 ~ 36	0.08536	0.09553
	24 ~ 48	0.07789	0.08657

4 东北冷涡数值预报模式的业务运行

建立的东北冷涡数值模式业务系统，每天业务运行两次，实时发布预报产品。除发布常规的降水量、温度、湿度、风等常规的气象要素预报，还针对东北冷涡降水预报的业务需求和东北冷涡强对流预报特点，特殊制作一批模式预报指导产品，投入业务使用。所有预报产品全部发布在东北区域气象中心数值预报网页上。

5 小结

5.1 天气学检验结果分析

针对 2006—2008 年的东北冷涡个例的降水预报，利用天气学检验方法，进行降水预报性能评估。评估从降水中心和降水主体两方面入手，以 12 h 预报为检验时段，分别对降水强度、落区、雨区范围进行检验，同时检验的还有东北冷涡降水的漏报情况和雨区移速。表 6-5-1 给出了 2006—2008 年东北冷涡个例的天气学检验情况。

表 6-5-1　2006—2008 年东北冷涡 12 h 降水预报天气学检验结果

检验时段/h	降水中心				降水主体				
	漏报	强度	位置	漏报	强度	落区	范围	移速	
12~24	4%	一致：60% 偏小：12% 偏大：24%	一致：65% 偏差：31% （偏南：10% 偏东：8% 偏北：7% 偏西：6%）	2%	一致：89% 偏小：4% 偏大：5%	一致：92% 偏差：6% （偏西/南/北/东：1.5%）	一致：78% 偏小：15% 偏大：5%	一致：96% 偏慢：1% 偏快：1%	
24~36	9%	一致：52% 偏小：9% 偏大：30%	一致：52% 偏差：39% （偏南/西：12% 偏北：10%）	5%	一致：80% 偏小：5% 偏大 11%	一致：80% 偏差：15% （偏西：8% 偏南：4%）	一致：74% 偏小：13% 偏大：8%	一致：89% 偏慢：4% 偏快：2%	
36~48	10%	一致：50% 偏小：10% 偏大：30%	一致：51% 偏差：39% （偏西：13% 偏南：11% 偏北：10%）	4%	一致：84% 偏小：4% 偏大：8%	一致：75% 偏差：21% （偏西：9% 偏南：6% 偏东：4%）	一致：71% 偏小：16% 偏大：9%	一致：87% 偏慢：8% 偏快：1%	
48~60	13%	一致：39% 偏小：10% 偏大：38%	一致：38% 偏差：49% （偏西：17% 偏北：12% 偏东：10% 偏南：9%）	7%	一致：77% 偏小：7% 偏大：9%	一致：56% 偏差：37% （偏西：19% 偏南：7% 偏东：6%）	一致：68% 偏小：17% 偏大：8%	一致：74% 偏慢：17% 偏快：2%	

5.1.1　漏报率

模式对降水中心和降水主体预报的漏报率随预报时效延长而略有增加；降水中心的漏报率在 12~24 h 时段内为 4%，48 h 内控制在 10% 以下；降水主体漏报率低于相应时段降水中心漏报率，至 60 h 为 7%。

具体分析时发现，漏报情况基本发生在小范围且不强的降水时。

5.1.2　降水中心强度和位置

分析表 6-5-1 可见，所有检验项目的一致率都是不将漏报率包括在内的，如果除去漏报率，特别是漏报率较高的情况，则预报一致率均有所增加。

由表可见，降水中心强度和位置的预报一致率在 48 h 内下降不明显，12～24 h 的一致率较高，在 60% 以上，24～48 h 内也在 50% 以上，事实上，如果不考虑 10% 的漏报率，则预报一致率也在 55% 以上；无论中心强度还是位置，在 48 h 后则是明显降低，48～60 h 一致率不到 40%。

在预报出现偏差时，降水中心强度出现偏强的情况明显多，中心位置在 12～24 h 偏差方位不明显，在 24～48 h 则是偏西、偏南、偏北均有，基本没有偏东的情况。

5.1.3　降水主体强度、落区和范围

降水主体预报的一致率要明显高于降水中心。从强度预报来看，如果不考虑漏报率，则 4 个时段的预报一致率均在 80% 以上；在预报强度与观测不一致时，预报偏大的情况多于偏小的时候。

降水落区的预报一致率明显随预报时效延长而降低，12～24 h 的一致率达到 90% 以上。在 24～60 h，预报落区与观测不一致时，基本是以偏西为主，其次偏南。

雨带范围一致率受预报时效影响不大，基本在 70% 上下，出现偏差时雨带预报范围偏小的情况更多。

5.1.4　雨区的移速

雨区预报的移速与观测一致率较高，在 12～24 h 达到 96%，但也存在着随着预报时效延长而偏差率增加的情况。在 24 h 后预报出现偏差时，基本是雨带移速偏慢。

5.1.5　降水预报系统性偏差列表

对东北冷涡降水预报系统性偏差进行总结，以表格方式表达，考虑降水强度、雨带位置、雨带范围、移速几方面，见表 6-5-2。表中，打√时则说明符合表中所列情况。

表 6-5-2　东北冷涡 12 h 降水预报系统性偏差

天气系统	降水强度		雨区位置		雨区范围		移速	
	偏弱	偏强	偏西	偏南	偏小	偏大	偏慢	偏快
东北冷涡		√	√	√	√		√	

5.2　使用东北冷涡数值预报产品指南

（1）东北冷涡降水中心预报：中心强度预报一致率在 60% 左右，易偏强，位置偏西、偏南、偏北均有。

（2）降水主体强度预报：预报一致率基本在 80% 以上，不一致时易偏强。

（3）雨区位置预报：降水主体位置在前 24 h 不用订正；在 24 ~ 60 h 易偏西与偏南。

（4）雨区范围预报：预报一致率基本在 70% 以上，不一致时容易偏小。

（5）移速预报：36 h 前雨带移速预报不用订正，36 h 后雨带移速预报一致率在 80% 左右，不一致时往往偏慢。

（6）预报时效的影响：降水主体强度和雨带范围受预报时效影响不明显，降水中心强度在 48 h 内也如此；降水中心和主体预报漏报率及其他预报偏差率都随预报时效延长而有所增加。

第七篇

总结和讨论

　　本研究是针对在东北区域天气预报业务中存在的问题——东北冷涡强对流降水预报质量低，以提高东北冷涡强对流预报质量为目标，研究东北冷涡中尺度系统三维动力结构及演变，得到了一些能够用于东北冷涡强对流降水预报的指标与结论；同时，建立东北冷涡数值预报系统，并凝练出使用东北冷涡数值预报产品的要点。

　　首先分析两类东北冷涡（深冷型、冷暖波动型）诱发 MCS 的天气尺度背景。以此为基础，应用中尺度模式，模拟研究东北冷涡中尺度系统三维动力结构及演变，通过敏感性试验研究太阳辐射、地形等对冷涡强对流的影响。应用多普勒雷达资料模拟研究边界层对东北冷涡强对流的影响及对流系统的边界层结构。通过数值模式中不同物理过程选项对东北冷涡降水预报试验，形成了一套适合于东北冷涡预报的数值预报系统。利用天气学检验方法，找出模式预报东北冷涡存在的共性问题和关键问题，总结归纳出模式产品对东北冷涡的预报特点。主要得到以下结论。

1　东北冷涡对流降水分布特征

　　（1）东北冷涡影响下，局地暴雨发生次数明显多于非局地暴雨，占总暴雨日数的 79%，6 月比例最高，占 95%。辽宁局地暴雨日数有逐年减少的趋势，其中 1986 年出现的冷涡局地暴雨日数最多，1998 年没有出现冷涡局地暴雨，总体年际变化呈逐年下降趋势。

　　（2）冷涡局地暴雨从 4 月上旬开始出现，明显早于非局地暴雨，且在 6 月上旬开始明显增多，6 月呈倍数增长，7 月中旬达到峰值，8 月上旬日数少于非局地冷涡暴雨，8 月中旬开始呈逐旬下降的趋势，发生期长于非局地暴雨。

　　（3）局地暴雨主要发生在辽宁的东南、东北地区，在丹东有大值中心为 21 d，占各站平均日数 2.5 倍以上。平原地区暴雨日数多于山地发生日数，局地暴雨易发生在东南沿海地区。

2　东北冷涡强对流触发机制

　　（1）短波辐射影响强对流的触发时间。通过进行太阳辐射对东北冷涡强对流影响的试验，研究得到这样的结论：大气中短波辐射影响强对流的触发时间，使强对流提前爆发，但对强度影响不大。地面辐射对大气的加热作用是触发东北冷涡强对流的重要条件。在东北冷涡天气尺度环流背景下，大气中短波辐射通过激发中尺度环流触发强对流的发生，而不是通过影响不稳定能量的积累触发强对流，地面短波辐射加热在对流层低层产生强的中尺度辐合及对流不稳定层结共同促使了对流的爆发和维持。

　　（2）边界层辐合线是对流触发的重要因素之一。应用多普勒雷达资料模拟研究边界层对东北冷涡强对流的影响，得到这样的结论：风暴初期边界层低层的辐合强于边界层高层辐合，从涡度来看风暴初期边界层气流旋转作用较弱，边界层辐合线是对流触发的重要因素之一。边界层上层的中尺度辐合涡旋主要由环境场辐合、边界层摩擦抽吸形成，是风暴重要的能量、水汽输送系统，它伴随着强对流的发展而出现，同时对对流的维持、发展有重要的反馈作用，是边界层与自由大气进行交换的重要系统，也是风暴系统维持的入流的主要入口。冷丘内部为潜在稳定层结，特别在近地面层形成了非常稳定的层结，其温湿层结及气流结构的改变进而改变了边界层入流。

　　（3）低层暖湿气流输送和辐合及干暖盖的抑制作用是东北冷涡强对流不稳定能量积累的重要机制。中层干冷空气绝热下沉是东北冷涡 700 hPa 附近干暖盖形成和维持的重要因素。不稳定能量的积累是一个较长的过程，而能量的释放是一个非常短暂的过程。

3　东北冷涡的中尺度对流系统特征

　　东北冷涡中尺度对流系统在成熟阶段地面气压场表现为强的雷暴高压，并有弱的前导低压和尾随低压配合。对应于雷暴高压的边界层冷丘与南部的暖湿气流形成的不连续线及阵风锋加强了低层气流的辐合抬升。前导低压与 800～700 hPa 暖心低压扰动合并在一起，是由地面辐合、上升气流抽吸、潜热增温共同形成的低压扰动，对对流系统的维持和移动有重要作用。

中高压形成后，其对应的下沉气流外流与环境气流辐合，形成强的中尺度辐合区（阵风锋），它是风暴形成后大气边界层主要的气流辐合源，是风暴继续维持发展、移动的"发动机"，其强烈的动力上升作用可以诱发潜在不稳定区新对流的发生或产生更强的对流。强烈的上升运动和下沉气流外流可以影响环境气流入流的方向，形成中尺度超低空急流。中高压对应的冷丘可以影响低层中尺度温度场和湿度场，其产生的强烈的温度和湿度梯度，对应很强的中尺度湿斜压作用，对对流系统的垂直环流产生影响，进而影响对流系统的演变。

4 东北冷涡对流降水边界层特征

（1）在边界层有 3 股明显的气流汇合于雷暴区，1 股是来源于东北部长白山稳定气团的东北气流，1 股是西北部的西北下沉气流，1 股是偏南气流。由于长白山对应的风垂直切变很大，由对流层低层的东北风迅速转为西南风急流，非常有利于西南上升气流的流出，使得中小尺度扰动在层结稳定度低的区域非常活跃。

（2）对流发生前，边界层高度逐渐升高，边界层顶到对流层中层的潜在不稳定度增加。对流初期边界层低层的辐合强于边界层高层辐合，从涡度来看风暴初期边界层气流旋转作用较弱，边界层辐合线是对流触发的重要因素之一。边界层上层的中尺度辐合涡旋主要由环境场辐合、边界层摩擦抽吸形成，是风暴重要的能量、水汽输送系统，它伴随着强对流的发展而出现，同时对对流的维持、发展有重要的反馈作用，是边界层与自由大气进行交换的重要系统，也是风暴系统维持的入流的主要入口。冷丘内部为潜在稳定层结，特别在近地面层形成了非常稳定的层结，其温湿层结及气流结构的改变进而改变了边界层入流。边界层冷丘上部的中尺度辐合涡旋伴随着强对流的发展而出现，是 MCS 维持的主要入流。

（3）在东北冷涡天气尺度环流背景下，大气接收的短波辐射通过激发中尺度环流触发强对流的发生，而不是通过影响不稳定能量的积累触发强对流，但较大的不稳定能量可产生较强的降水。地面接收的短波辐射加热在对流层低层产生强的中尺度辐合及对流不稳定层结共同促使了对流的爆发和维持。

5 东北冷涡降水系统天气分析

5.1 冷涡降水系统分析

冷涡发展阶段降水主要由其南部西风锋区湿斜压不稳定产生，属于大范围混合型降水，具体影响系统为对流层低层的气旋，高低层环流倾斜分布。成熟期 500 hPa 冷涡位置少动，涡中心与冷温度中心基本重合，高低层环流垂直分布，而该环流锋面结构已不明显，降水以分散型对流降水为主。东北冷涡在各发展阶段均对应对流不稳定区，然而不稳定区的分布有很大差异。冷涡发展期，对流不稳定能量分布在冷涡中心东南部，与冷涡南部西风锋区诱发的低层气旋相配合，对应 925 hPa 冷锋前的偏南气流区。在成熟期对流不稳定能量的分布更接近冷涡中心，位于其东侧到南侧区域，依然对应 925 hPa 辐合线前偏南气流区。

强对流发生前 12 h 可能对应非常稳定的层结，发生前 1 h 很快发展为不稳定层结，而发生当中趋于中性层结。强对流天气出现在低层高能舌内或高能锋区靠近高能舌一侧，而中高层假相当位温差别较大，可能是低能中心或弱的高能舌。

5.2 水汽输送和水汽辐合条件

中尺度低空急流及其风速脉动为强对流提供了水汽输送和水汽辐合条件。整个过程当中 850 hPa 以下维持准饱和状态，而 700 hPa 温度露点差变化较大。强对流发生在水汽通量输送轴顶部，水汽通量散度梯度区靠近辐合中心一侧。强风暴发生时对应水汽辐合中心与辐散中心的耦合。

6 东北冷涡三维概念模型

夏季在对流层高层东北冷涡位于副热带急流北部，发展阶段涡前对应暖高压脊，涡前高压脊减弱为平直环流是进入成熟阶段的标志，此时冷涡轴线也转为西北东南向，涡区的斜压性较发展阶段明显减小。

在边界层东北冷涡都对应较强的从北太平洋延伸而来的湿冷舌，发展阶段湿冷舌仅位于低压顶部，涡中心后均为干暖气流，干线明显；成熟阶段冷空气绕到低压后部，入侵的范围更大，干线消失；减弱阶段冷空气占据了整个气旋性环流区。但纬向型冷涡在成熟期其南部锋区也对应较活跃的斜压系统，可能带来较强的降水天气。

主要由 3 股气流组成，西南暖湿气流在冷涡南部低层能量锋区爬升顺转穿过中层温度锋区到对流层上部，主要随高空急流向东南流出，大多时候这股气流较弱；西北干冷空气从高层冷涡后部下沉并向东南输送，控制涡的南部区域，形成深厚的冷性层结，对流发生时，该气流下沉至对流层中层后一部分与上升的暖湿气流合并，一部分继续向下至低层成东北气流流出；冷涡北部的偏东冷性气流在对流层低层向西流动，一部分并入阻塞高压，一部分流入涡后西北气流。低层暖湿条件是冷涡强对流预报的关键，往往强大的冷涡由于冷性层结深厚难以诱发强的对流天气，而其分裂的正涡度或弱的冷性低涡配合低层暖湿条件常常产生突发性强对流天气。

7 建立东北冷涡数值预报业务系统

对原东北区域中尺度数值预报业务系统中的辐射方案、边界层方案、湿过程显式方案、模式顶高度等多个参数进行了调整，在此基础上形成了一套适合于东北冷涡预报的数值预报系统。

天气学检验和降水 TS 评分表明，相对于原东北区域中尺度数值预报业务系统，该系统对东北冷涡降水数值预报质量有所改进。

受东北冷涡影响时，在使用数值预报产品时注意：①降水主体强度和雨带范围受预报时效影响不明显，降水中心强度在 48 h 内也如此。②降水中心和主体预报漏报率及其他预报偏差率都随预报时效延长而有所增加。③在预报出现偏差时，降水中心强度和主体强度均易偏大。④降水主体位置在前 24 h 不用订正；在 24 ~ 60 h 易偏西与偏南。⑤雨带范围在不一致时易偏小，可适当订正。⑥在 36 h 后雨带移速预报往往偏慢。

8 东北冷涡对流业务预报思路

8.1 东北冷涡环流型、发展阶段及预报区域所处部位的确定

不同环流型、发展阶段及预报区域所处部位会对应不同的天气，发展阶段注意对流层低层温带气旋的演变，湿度锋前和冷锋前暖区是对流的易发区域。纬向型冷涡成熟阶段注意其南部锋区波动的发展。冷涡顶部在对流层低层为冷湿气流，层结稳定常对应阴冷天气，其南部和东南部由于暖湿气流较为活跃，常对应对流天气。

8.2 对流强度和时间的预报

研究东北冷涡强对流不稳定能量的积累和释放过程发现，积累不稳定能量多少是预报对流强度的因子，不稳定能量触发时间是预报强对流天气爆发的关键。在日常业务预报中，单纯应用探空资料不易确定各单站的不稳定能量大小和强对流爆发时间，但是单点 T–$\log P$ 演变图能够清楚反映不稳定能量的积累程度和释放时间。因此，能够利用东北区域中尺度数值预报模式每小时的输出产品，制作单点 T–$\log P$ 演变图，来考虑对流强度和时间的预报。对流强度的预报除考虑对流不稳定能量外，还必须考虑对流层低层水汽的输送和辐合强度。

8.3 对流发生时间与移动路径预报

由于风垂直切变方向的逆转反映了强对流爆发前冷空气或锋区的变化，随着中低层切变线的东移，冷涡冷空气迅速从东北向西北逆转，强对流随之爆发。所以，可以增加中尺度数值预报业务系统的 0 ~ 6 km 风垂直切变输出，来判断不同区域强风暴的发生时间。同时风暴相对螺旋度（SRH）演变与风暴强度有较好的对应关系，能够较好地反映风暴的

强度及移动路径，因此，增加 SRH 输出将能够预报风暴的强度及移动路径。

8.4　强对流位置的预报

在冷涡发展阶段，降水系统主要为由湿斜压作用发展起来的对流层低层气旋，所以与低层辐合线相配合的干线分布直接影响对流的发展，冷涡发展期从对流层底层到高层的干线非常明显，对流有效位能区与 925 hPa 干线前水汽通量大值区的重叠区与降水区有一定的对应关系。成熟阶段降水落区除与对流层低层辐合带、对流有效位能有关系，而且与 925 hPa 大于 80% 的相对湿度区有较好的对应关系，对流降水也基本发生在大于 100 J/kg 的对流有效位能区和 925 hPa 大于 80% 的相对湿度区的重叠区域。减弱阶段冷涡环流减弱，对流降水与对流层低层辐合线有很大关系，若没有明显辐合线提供动力触发条件，一般不对应降水。对流降水一般发生在辐合线附近大于 200 J/kg CAPE 区与大于 80% 相对湿度的重叠区域，这 3 个条件需同时满足。

9　东北冷涡强对流预报关键点总结

（1）冷涡发展阶段降水主要由其南部锋区湿斜压不稳定产生，属于大范围混合型降水，具体影响系统为对流层低层的温带气旋，湿度锋明显，与降水区相配合，高低层环流随高度倾斜分布。成熟阶段 500 hPa 冷涡位置少动，冷涡中心与冷温度中心基本重合，高低层环流随高度垂直分布，环流内锋面结构不明显，降水受太阳短波辐射影响较大，以分散型对流降水为主。但纬向型冷涡在成熟期其南部锋区也对应较活跃的斜压系统，可能带来较强的对流天气。发展阶段对流有效位能日变化不明显，其他阶段有明显的日变化，对应降水也有明显日变化，主要出现在午后到前半夜。

（2）中层干冷空气绝热下沉是东北冷涡 700 hPa 附近干暖盖形成和维持的重要因素。低层暖湿气流输送及干暖盖的抑制作用是东北冷涡强对流不稳定能量积累的重要机制。能量积累阶段，风垂直切变变化不明显，对流爆发前，边界层到 500 hPa 风垂直切变迅速加大，强对流随之爆发。注意应用高分辨 T–$\log P$ 预报图分析这些特征。东北冷涡在各发展阶段均可对应对流不稳定区，然而不稳定区的分布有很大差异。冷涡发展期，对流不稳定能量分布在冷涡中心东南部，与冷涡南部西风锋区诱发的低层气旋相配合，对应 925 hPa 冷锋前的偏南气流区。在成熟期对流不稳定能量的分布更接近冷涡中心，位于其东侧到南侧区域，依然对应 925 hPa 辐合线前偏南气流区。不同发生阶段不稳定能量与对流降水有不同的对应关系，冷涡发展期对流有效位能与较大的水汽通量是影响降水落区的主要因素；成熟期对流降水基本发生在对流有效位能区和 925 hPa 湿区的重叠区域；减弱期对流降水不但与对流有效位能、低层相对湿度有关，而且还取决于对流层低层辐合线。

（3）在东北冷涡影响期间，中高层冷空气条件在冷涡区都基本具备，冷涡各部位最主要的差别在于对流层低层的湿度条件，其次是温度条件。在冷涡影响条件下，对流层低层的暖湿输送及辐合是不稳定能量积累的关键，所以在冷涡对流天气预报中，对流层低层（850 hPa 及以下）与暖湿输送和辐合有关的不连续边界非常重要，例如暖湿切变线、暖脊、暖平流、偏南风急流等。注意 925 hPa 天气图不连续边界（切变线、干线、锋区等）的分析。

（4）冷涡中尺度对流系统在成熟阶段地面气压场表现为强的雷暴高压，并有弱的前导低压和尾随低压配合。对应于雷暴高压的边界层冷丘与南部的暖湿气流形成的不连续线能够加强低层气流的辐合抬升。需要应用加密观测资料分析这些中尺度系统以判断对流的发展。

（5）对流发生前，边界层高度逐渐升高，边界层顶到对流层中层的潜在不稳定度增加。边界层冷丘上部的中尺度辐合涡旋伴随着强对流的发展而出现。注意 925 ~ 850 hPa 中尺度涡度和对流稳定度的分析。